碳定价和化石燃料补贴合理化政策工具箱

［美］瑞切尔·乔纳森　　　　［丹麦］米凯尔·斯科·安德森

［德］杰奎琳·科特雷尔　　　［菲律宾］桑迪普·巴塔查里亚　著

徐　东　等译

石油工业出版社

内 容 提 要

本书探讨了亚太地区和其他新兴国家的碳排放交易体系、碳税和化石燃料补贴合理化计划的一些核心内容关键属性，旨在指导亚洲开发银行发展中成员国的决策者有效地设计、实施和管理碳税、碳排放交易体系，并处理好与化石燃料补贴削减计划的相互关系。本书提供了说明性的研究案例，可作为政府在实施碳减排方案时遇到问题以及为解决这些问题寻求解决方案的参考。

本书可供碳市场、碳资产、碳定价及化石燃料领域的管理人员、研究人员以及对以上领域感兴趣的人员阅读。

图书在版编目（CIP）数据

碳定价和化石燃料补贴合理化政策工具箱 /（美）瑞切尔·乔纳森（Rachael Jonassen）等著；徐东等译 .
北京：石油工业出版社，2024. 8. -- ISBN 978-7-5183-6821-1

Ⅰ . X511；F416.2

中国国家版本馆 CIP 数据核字第 2024E36X00 号

Carbon Pricing and Fossil Fuel Subsidy Rationalization Tool Kit
by Rachael Jonassen，Mikael Skou Andersen，Jacqueline Cottrell，and Sandeep Bhattacharya
ISBN 978-92-9270-218-2（print）；978-92-9270-219-9（electronic）；978-92-9270-220-5（ebook）
© 2023 Asian Development Bank
This Simplified Chinese edition is published by Petroleum Industry Press.

Originally published by ADB in English under the title *Carbon Pricing and Fossil Fuel Subsidy Rationalization Tool Kit*. © ADB. www.adb.org/publications/carbon-pricing-fossil-fuel-subsidy-tool-kit. CC-BY 3.0 IGO. The quality of the translation and its coherence with the original text is the sole responsibility of the translator. The English original of this work is the only official version.

出版发行：石油工业出版社
（北京安定门外安华里 2 区 1 号　100011）
网　　址：www.petropub.com
编辑部：（010）64523825　　图书营销中心：（010）64523633
经　　销：全国新华书店
印　　刷：北京中石油彩色印刷有限责任公司

2024 年 8 月第 1 版　2024 年 8 月第 1 次印刷
710×1000 毫米　开本：1/16　印张：9.25
字数：100 千字

定价：100.00 元
（如出现印装质量问题，我社图书营销中心负责调换）

《碳定价和化石燃料补贴合理化政策工具箱》

翻译组

组　　长： 徐　东

副组长： 汪　爽　周新媛　崔宝琛

翻译人员： （按姓氏笔画排序）

杜　敏　李海军　张　珊　荆克尧

贺国军　徐振航　程与怀　程显宝

瞿瑞玲

⸺ 译者前言

　　在全球气候变化危机日益严峻的背景下，全球各国减少温室气体排放，减缓全球变暖趋势十分迫切，国际社会对于采取紧急碳减排措施的共识不断强化，碳定价及化石燃料补贴的合理化，是推动全球各国可持续发展转型的关键路径。《碳定价和化石燃料补贴合理化政策工具箱》一书，正是在这样的背景下应运而生。

　　碳定价是指通过给碳排放赋予直接成本，促使企业和个人在决策时考虑其环境影响，有效地将长期以来被忽略的环境外部性内部化。目前看，碳定价的直接方式主要包括碳排放交易和碳税两种。其中，碳排放交易是指利用市场机制，在总量控制下允许碳排放配额的买卖，既保证了碳减排目标的实现，又使碳减排成本效益最大化；碳税则通过直接征税提高化石燃料使用成本，简洁明了地引导市场减少对高碳能源的依赖。碳定价的间接方式包括减少化石燃料补贴、实施包括燃料油税及其他与税收补贴相关的方式。

　　化石燃料补贴改革同样紧迫。长期以来，包括发达国家和发展中国家在内的许多国家为促进经济发展和保障能源可获得性，对化石燃料提供了大量补贴。然而，这些补贴一定程度上扭曲了能源市场，抑制了清洁能源的投资与发展，同时还加剧了环境污染和温室气体排放。化石燃料合理化补贴，意味着逐步取消对化石燃料的财政支持，并将节省下来的资金转向开发可再生能源、能效提升和低收入群体的能源补助，以确保能源转型过程中的社会公平。

综合来看，碳定价和化石燃料补贴改革共同作用，能够有效驱动能源系统的绿色转型，促进低碳技术的创新与应用，加快实现碳达峰碳中和目标。然而，如何设计构建高效、公平的碳排放交易体系和碳税机制，如何使化石燃料补贴更趋合理化，如何平衡经济发展与环境保护的关系，仍是摆在我们面前的重大课题。本书旨在通过对这些复杂而紧迫议题的深度剖析，为政策制定者、学术界、环保倡导者及广大公众提供一份权威且实用的参考资料。

全书共 4 章。第 1 章直击亚太地区面临的气候挑战核心，强调了向清洁、经济、可靠的能源系统转型的迫切性，指出在减少化石燃料补贴的同时推进碳定价机制的实施，是确保区域气候目标得以实现的双轮驱动，为本书后续各项内容做好铺垫；第 2 章深入浅出地介绍了碳排放交易体系的理论框架与实操细节，提供了创建和实现碳排放交易体系的 10 个步骤及亚洲开发银行发展中成员国运行的碳排放交易体系的最佳做法和经验教训的案例研究，为设计和优化碳排放交易体系提供了宝贵的参考；第 3 章聚焦碳税，详尽解析了设计与实施国家碳税的策略与考量，结合世界各新兴经济体碳税实践和经验方面的案例，就如何设计和实施这些税制提供了分步指导；第 4 章细致阐述了化石燃料补贴合理化的详细过程，从前期的基础准备工作直至策略设计与执行监督，每个步骤的关键考量要素均得到充分阐释，为政策制定者提供了操作层面的实际指导。

本书的翻译工作由中国石油规划总院经济所碳市场碳定价研究团队完成，第1章和第4章主要由徐东翻译，第2章和第3章主要由周新媛、杜敏、张珊翻译。为保证翻译精确性，还邀请了来自中国石油和化学工业联合会、中国石化勘探开发研究院、中国石油油气和新能源分公司、中国石油经济技术研究院、中国石油大港油田公司的汪爽、荆克尧、崔宝琛、程显宝、贺国军、李海军等多名业内外专家指导帮助，这些专家不仅在相关领域具备深厚的学术造诣，而且对原文提及的技术细节与行业背景拥有透彻的理解与把握，他们的专业指导帮助为译文的严密性和精确度提供了坚实的保障。此外，还有幸获得了资深翻译专家中国石油大学（北京）丁晖的强力支援，其基于丰富的翻译教学背景与实战经验，对全书进行了严谨的审核与校对。在此，对所有为本书提供资料、分享经验与给予指导的专家、机构与个人表达最深的谢意，正是他们的严谨态度与专业精神确保了本书的翻译质量。

尽管译者力求全面准确地反映碳定价和化石燃料补贴相关研究的最新进展与存在的挑战，但鉴于该领域的快速变化与复杂性以及译者专业技术能力局限，书中难免存在疏漏与不足之处，敬请读者批评指正。期待本书能激发和丰富更多关于碳市场、碳定价及化石燃料补贴等方面的学术讨论与管理实践。

》 原书序

　　新冠疫情、乌克兰危机以及随之而来的全球供应问题扩大了实现可持续发展目标所需融资与可用资源之间的差距。目前看，这一差距有可能比新冠疫情暴发前扩大了 70%。然而，经济危机的存在并没有改变基本的气候挑战及适宜的应对措施，持续的全球性衰退也只会对大气温室气体排放量产生有限的影响。外部性问题是气候变化的核心，而提高碳排放的成本仍然是解决这一外部性问题的关键，所需的政策行动也仍然十分艰巨。例如，将全球变暖控制在 2℃以内，需要在 2030 年前，在全球范围内快速实施至少 75 美元 / 吨二氧化碳当量的全球碳价，或者是在 6 美元 / 吨二氧化碳当量全球平均价格基础上增加十几倍。即使实现了这一点，除非其他遏制性措施同时发力，否则依然不能确保既定气候目标的实现。

　　总体而言，亚太地区通过使用环境税，包括对化石燃料和其他碳密集型产品征收消费税、销售税和进口关税，来调剂国家一般收入的做法久已有之，包括那些从不征收任何环境税的国家，例如所罗门群岛。所罗门群岛的环境税在 2019 年贡献了国内生产总值的 5.4%。除所罗门群岛外，该地区环境税收入占比最高的国家是蒙古，占国内生产总值的 1.7%，日本、新西兰和斐济占 1.3%。碳定价和环境税之间的关系非常重要，它们之间相互重叠，彼此补充。环境税征收的经验可作碳税实施战略的参考。此外，哈萨克斯坦、新西兰、中国和韩国都实施国家碳排放交易体系（ETS）。其中，韩国是东亚地区第一个实施全国性强制性碳排放交易体系的国家。

国际统一的气候政策架构应确保碳定价与取消或逐步取消化石燃料补贴同步实施。在 2020 年发放化石燃料补贴最多的 25 个国家中，有 9 个是亚洲开发银行的发展中成员国（DMC）。这表明，取消现有针对化石燃料等碳密集型产品的货币政策或财政补贴应与碳税征收相辅相成。

对于许多考虑碳定价和（或）逐步取消化石燃料补贴的发展中成员国来说，主要问题是回答发展中成员国如何通过使用碳定价（包括化石燃料补贴政策改革）来设计和采取可行的策略来应对气候变化，并在此过程中获得收入、改善能源获取和使用的公平性。

为了帮助发展中成员国回答这个问题，亚洲开发银行开发了碳定价和化石燃料补贴合理化政策工具箱。该工具箱概述了制定合理碳价三个基本要素的关键步骤、挑战和相关国家经验。基于现有研究和知识产品，该工具箱可以帮助亚洲开发银行发展中成员国的政策制定者更好地理解当前形势，更为重要的是掌握碳定价工具和化石燃料补贴相互作用的机理，并理解这些政策之间的协同或冲突，以实现更为广泛的环境目标。该工具箱为亚洲开发银行发展中成员国实施碳定价政策提供了分步指南，以制定更为有效并适应国情的气候政策组合，包括在各自国家自主贡献（NDC）下阐明的气候目标。希望该工具箱和亚洲开发银行关键信息的援助将帮助其发展中成员国实现其气候目标，以及助力绿色、包容和有韧性的恢复性增长。

Hiranya Makhopadhyay
亚洲开发银行可持续发展和
气候变化部治理专题组负责人

Bruno Carrasco
亚洲开发银行可持续发展和
气候变化部主任兼首席合规官

» 原书前言

随着世界各地平均气温的上升，化石燃料燃烧产生的二氧化碳（CO_2）和其他温室气体的排放正在导致全球气候的危险变化。2015年，各国签署《巴黎协定》时一致认为，近期世界各地所发生的气候灾难凸显了加快碳减排的迫切性。

近20年来，亚太地区的二氧化碳排放量大幅增加，许多国家，包括亚洲开发银行的发展中成员国以及非发展中成员国的人均二氧化碳排放量现在已达到甚至超过了欧盟和美国。世界各国必须迅速减少温室气体（GHG）的排放，以满足《联合国气候变化框架公约》（UNFCCC）或《巴黎协定》所规定的国家自主贡献。构建碳排放交易体系是有助于实现这一目标的一种重要有效的方法。如果制定一个严格的碳排放上限，利用市场机制，碳排放交易体系将会是遏制温室气体排放的有力方式。当各国努力实现其国家自主贡献时，碳排放交易体系应是一种具有竞争力的战略。但是碳排放交易体系的开发可能会比较复杂。第一步在于这个国家的决心，即确定碳排放交易体系是减少温室气体排放的适宜方法。

如果一个国家认为碳排放交易体系是实现碳减排的最佳途径，亚洲开发银行、国际碳行动伙伴组织和世界银行都有资源支持亚洲开发银行发展中成员国基于碳排放交易体系的碳减排计划，包括分步实施指南。虽然这些步骤可能会升级换代，在不同国家的实施顺序也可能不同，但基本上都会有以下10个关键步骤：（1）准备；（2）确定范围；（3）利益相关方参与、沟通和能力建设；（4）设定碳排放上限和履约期限；（5）分配碳配额；（6）推动建立稳定市场；（7）确保履约和监管；（8）融入灵活机制；（9）考虑关联性；（10）实施、评估和改进。

在设计这样一个体系之前，每个国家必须建立一个法律框架，制定清晰的目标，确定正规化和集中化的程度，界定核心体系功能，并确定推行的关键节点和时间表。在此基础上，就可以设计碳排放交易体系。

碳排放交易体系给一个国家带来的好处在于创造收入、未来市场互联互通、补充其他碳定价工具、提供市场灵活性、支持分阶段碳减排目标的设计潜力，以及适用于国家级、次国家级或部门碳排放的扩展灵活性。

与大多数复杂的经济工具一样，碳排放管理没有一个放之四海而皆准的解决方案。因此，政策制定者应慎重考虑本国的国情和现实需要。

随着碳排放市场交易制度实施，可能会有来自经济、政治和能力等方面的挑战，这就需要不断重新评估和优化完善，才能构建一个成功的碳排放交易体系。

为了把全球平均气温上升幅度控制在 1.5~2℃以内，还需要其他政策工具配合。碳税是应对全球气候变暖政策措施和工具组合中的另一个重要工具。经济合作与发展组织（简称经合组织）中征收碳税的国家的经验表明，通过对二氧化碳及其他温室气体逐步加税或提高价格，可以向所有市场参与者提供和传递明确的价格信号，表明脱碳的重要性。

国际货币基金组织的研究表明，为了实现 2030 年新兴和发展中国家的碳排放目标，对二氧化碳排放征收 25 美元 / 吨的碳税是比较合理的。尽管最终发展中成员国政府选择什么样的税率取决于具体的社会经济、财政和环境背景，按照 25 美元 / 吨的税率水平，煤炭（在所有化石燃料中碳排放强度最高）的价格可能会上涨约 50%，其他燃料和气体也可能将变得更加昂贵，这都为低碳能源提供了更好的市场杠杆。

与能源市场价格的上涨不同，碳税收入将留在国内经济中，所产生的收入也是巨大的。在这种情况下，企业和家庭的其他赋税水平可能会有所降低。一小部分的收入可以用于补贴低收入家庭和支持低碳能源技术开发。新加坡的碳税制度设计就是如此。发达经济体的目标可能是到 2030 年，将碳税税率提高到 75 美元 / 吨或更高。

一方面，针对二氧化碳重点排放行业，如发电厂及其他工业企业，许多国家将碳税与碳排放交易体系组合使用。另一方面，中小型企业、家庭和运输燃料则更容易通过碳税来解决。南美的乌拉圭就将其汽车燃料消费税转变为碳税，亚太地区许多国家都有燃料消费税，都可以调整并扩展成为更全面的碳税。此外，欧盟明确规定，从 2026 年起，只有明示碳价，才能得到对欧盟出口的许可。某些碳密集型商品（如钢铁和铝）的进口必须购买 CBAM 证书。

准备并逐步引入碳税分步实施指南的 10 个基本要素包括：（1）确定碳减排缺口和优先行业；（2）确定征税的温室气体；（3）评估特定燃料的影响及碳泄漏的风险；（4）评估碳配额发放的影响；（5）校准碳税税率；（6）确定碳税减免范围；（7）确定对低收入家庭的补偿措施；（8）评估宏观经济影响；（9）确定机构监管；（10）建立事后评估监测机制。

化石燃料补贴合理化的理论优势是众所周知的。然而在实践中，政府在试图改革化石燃料补贴时会遇到各种各样的政治、经济因素阻碍。这些阻碍往往表现为遭到包括采掘、电力和能源密集型制造业等主要利益集团的强烈反对，以及对社会公平负面影响的关切而引发的抗议。为了有效解决这些阻碍，政府必须采取应对策略，达成广泛的政治和社会共识，在化石燃料补贴合理化方面，得到政府内部、关键利益相关方和普通民众的支持非常关键。首选方法就是强调对化石燃料补贴合理化必须采取整体经济的方法，并仔细考虑潜在的不利影响，特别是对分配和竞争力方面的不利影响。

碳税分步实施指南中的化石燃料补贴合理化方法描述了如何为合理化奠定基础，并分为 6 个明确界定的连续分析步骤。完成该进程每个阶段所述的任务将帮助发展中成员国政府建立一个明确而又强有力的政策基础，并在此基础上建立一个政治上可行并可长期持续的合理化战略计划。

步骤 1 提供了关于如何编制补贴清单的指导，着眼于建立清单和量化补贴的所有必要步骤；步骤 2 解释了发展中成员国政府如何理解补贴影响化石燃料价格的方式及其机制，如何促进补贴发挥作用，谁将从补贴中受益，如何受益；步骤 3 描述了政策制定者可以用来预测化石燃料补贴合理化的一系列定性和定量方法，从文献综述、清单和概念设计到投入产出模型、计量经济学建模；最后一个准备步骤（即步骤 4）汇总了分析结果，并强调了在起草化石燃料补贴合理化优先清单时的关键考虑因素。准备阶段得出的排名和分析应为长期补贴合理化战略的制定提供素材和信息，该战略应针对具体的发展中成员国，并在设计时考虑到化石燃料补贴的永久合理化。因此，步骤 5 是一个深入的战略设计阶段，重点关注三个主要要素，即机制构建、时间框架、沟通和建立共识；最后，一旦化石燃料补贴合理化的一个或多个要素得以实施，步骤 6 将着眼于政策措施的监测和调整。

在许多国家，低碳价格已经深深植根于其经济和财政体系中。引入碳定价，无论是以碳排放交易体系、碳税的形式，还是通过化石燃料补贴合理化取消负碳价格，都是一个极具挑战性和政治敏锐性的进程。尽管如此，发展中成员国政府还是需要努力使化石燃料补贴合理化，并择机引入碳定价，以实现其国家自主贡献和 2030 年的可持续发展目标。本书将这一过程分解为一系列逻辑步骤，希望能够为推动化石燃料补贴合理化作出贡献，并成为亚洲开发银行发展中成员国中引入碳定价的重要推动器。

➤ 目　录

第 1 章　绪论　　　　　　　　　　　　　　　　　　／ 001

第 2 章　碳排放交易体系　　　　　　　　　　　　／ 006

　　2.1　概述　　　　　　　　　　　　　　　　　　　／ 006

　　2.2　法律框架构建　　　　　　　　　　　　　　　／ 009

　　2.3　体系设计　　　　　　　　　　　　　　　　　／ 012

　　2.4　缓解潜在挑战　　　　　　　　　　　　　　　／ 038

　　2.5　支持碳排放交易体系开发和实施的资源　　　　／ 042

第 3 章　碳税　　　　　　　　　　　　　　　　　／ 045

　　3.1　概述　　　　　　　　　　　　　　　　　　　／ 045

　　3.2　碳税实施分步指南　　　　　　　　　　　　　／ 050

　　3.3　新兴经济体现有碳税制度的经验教训　　　　　／ 068

　　3.4　风险和关切　　　　　　　　　　　　　　　　／ 070

　　3.5　欧盟碳边境调节机制　　　　　　　　　　　　／ 072

第 4 章　化石燃料补贴合理化　　　　　　　　　　　/ 076

4.1　化石燃料补贴合理化分步指南的目标和宗旨　　　/ 077

4.2　化石燃料补贴合理化分步指南　　　　　　　　　/ 077

4.3　结语　　　　　　　　　　　　　　　　　　　　/ 105

附录　　　　　　　　　　　　　　　　　　　　　　/ 107

附录 1　经合组织支持措施矩阵及实例　　　　　　　/ 107

附录 2　缩略语　　　　　　　　　　　　　　　　　/ 108

参考文献　　　　　　　　　　　　　　　　　　　　/ 110

专题分析索引

2.1　现有碳排放交易体系　　　　　　　　　　　　　　　　　　　/ 007

2.2　《巴黎协定》第 6 条下的新机遇　　　　　　　　　　　　　　/ 008

2.3　案例研究：明确越南的目标　　　　　　　　　　　　　　　　/ 010

2.4　案例研究：印度的基线设定　　　　　　　　　　　　　　　　/ 014

2.5　案例研究：中国碳市场的范围　　　　　　　　　　　　　　　/ 016

2.6　案例研究：印度碳市场的参与主体　　　　　　　　　　　　　/ 018

2.7　案例研究：中国的碳减排能力建设　　　　　　　　　　　　　/ 019

2.8　案例研究：日本的碳排放上限　　　　　　　　　　　　　　　/ 020

2.9　案例研究：印度的碳排放配额　　　　　　　　　　　　　　　/ 024

2.10　案例研究：哈萨克斯坦的履约期限和碳排放上限　　　　　　/ 024

2.11　案例研究：中国的配额制度　　　　　　　　　　　　　　　/ 026

2.12　案例研究：美国区域温室气体倡议中对市场波动的监管　/ 028

2.13　案例研究：中国碳市场的监管工具　　　　　　　　　　　　/ 029

2.14　案例研究：日本灵活的碳市场机制　　　　　　　　　　　　/ 030

2.15　案例研究：中国碳市场的监管机构　　　　　　　　　　　　/ 032

2.16　案例研究：印度碳市场的监管考量　　　　　　　　　　　　/ 033

2.17　案例研究：区域温室气体倡议中的关联性　　　　　　　　　/ 037

2.18　案例研究：哈萨克斯坦碳市场的评估和改进　　　　　　　　/ 038

3.1　世界各地区累计排放量概览　　　　　　　　　　　　　　　　/ 046

3.2　排放因子　　　　　　　　　　　　　　　　　　　　　　　　/ 055

3.3　丹麦利用碳税缩小碳减排缺口　　　　　　　　　　　　　　　/ 058

4.1　德国政府援助和税收优惠报告　　　　　　　　　　　　　　　/ 079

4.2　获得国际支持：可持续发展目标 12 协同中心和自愿同行审查

　　　　　　　　　　　　　　　　　　　　　　　　　　　　　　/ 084

4.3 利益相关方图谱、咨询和参与 / 088

4.4 平滑机制：应对国际价格波动的一种选择 / 093

4.5 通货膨胀与化石燃料补贴合理化 / 099

4.6 伊朗的激进式改革：战略节奏、时机和顺序 / 102

第1章 绪论 1

亚太地区特别容易受到气候变化对生计、粮食和水安全以及公共卫生的负面影响。2019 年，全球化石燃料燃烧所产生的二氧化碳排放约 50% 源自该地区。因此，可以断言，全球应对气候变化的战斗将在亚太地区一决胜负。作为该地区的气候银行，亚洲开发银行（简称亚行）致力于支持其发展中成员国应对气候变化，建设气候和灾害复原力，并提高环境可持续性。这也是亚行 2030 年战略的业务重点。

向清洁、可靠和负担得起的能源过渡，同时确保所有人都能获得能源，是实现本区域气候目标的关键。作为亚行促进能源转型努力的一部分，亚行正在与该区域和国际伙伴合作，试行可推广的能源转型机制。这是一项与亚行发展中成员国共同合作和开发的举措，将利用基于市场的方法加速从化石燃料向清洁能源的转型。

亚行认识到，该地区的能源融资需求远远超过任何单一行为者拥有的资源。为了实现《巴黎协定》规定的能源转型需求和目标，需要进一步的气候融资，以及全面有效的气候政策组合和适当的政策工具。碳定价可以成为更广泛的气候政策架构的一个关键要素，可以帮助该地区各国以低成本高效益的方式减少温室气体排放，并促进能源转型和脱碳。

碳定价是一种气候政策方法，已在几个国家和地方管辖区使用。碳定价的工作原理是"谁排放、谁负责、谁付费"。碳定价政策传统上有碳税和碳排放交易体系两种形式。统一的气候政策应确保碳定价与化石燃料补贴的减少或逐步取消同时实施，化石燃料补贴的作用类似于负碳税，因为它们降低了化石燃料的价格。碳定价可以鼓励对低碳技术的投资，帮助各国以低成本高效益的方式实现其国家自主贡献中设定的目标，并产生可用于气候相关或其他发展举措的收入。

亚行在这一领域有着长期的参与，通过亚太碳基金、未来碳基金和日本联合信贷机制基金等方式筹集碳融资。亚行还通过其技术支持机制和《巴黎协定》第6条支持机制提供技术支持，以支持其发展中成员国利用各种碳定价工具。亚行将继续对碳定价和市场统筹考虑，动员碳融资，鼓励低碳技术投资，并向其发展中成员国提供相应技术和能力建设支持。

亚太税务中心隶属于亚行可持续发展和气候变化部治理专题小组，是碳定价和化石燃料补贴合理化政策工具箱的开发者，目的是促进亚行发展中成员国之间的对话，并帮助政府官员设计和实施碳定价计划。虽然关于该工具箱所讨论的三个组成部分（碳排放交易体系、碳税和化石燃料补贴合理化）的每一个都有更详细的手册，但我们认为，一个简明扼要的"操作"工具箱把相关的实际指导在一份文件中总结出来，对那些负责设计和实施碳定价政策的人是非常有用的。有意深入研究本书所讨论的任何一个主题的读者也可以从本书所引用的参考资料和信息来源中受益。

遏制温室气体排放和防止危险气候变化的一个方法是建立碳排放交易体系。碳排放交易体系对碳排放设置了上限，并允许参与实体的碳交易配额，创造了一个奖励较低排放、激励创新以提高效率并可能产生收入的市场。亚行为希望实施碳排放交易体系的发展中成员国提供多种支持。

本书第2章提供了如何创建和实现碳排放交易体系的分步指南。它旨在帮助亚行发展中成员国的决策者考虑最佳的碳减排方法和制度，以满足《联合国气候变化框架公约》《巴黎协定》下的国家自主贡献。政策制定者可以是环境部，或者是立法者、总理，甚至总统。虽然强调国家层面政策的制定和执行，但也包括区域和次国家级的案例研究，以展示最佳实践做法和从小规模系统开始实施的战略收益。

该指南解释了什么是碳排放交易体系以及如何建立一个国家层面的制度。首先，它假设一个国家已经确定碳排放交易体系适合其自身的情况；其次，它解释了建立法律框架的重要性，概述如何确定关键目标、适当的正规化水平和核心机构职能；最后，它对如何衡量进展以及何时进行再评估做了解释。

第2章的制度设计部分列出了创建和实现碳排放交易体系的10个步骤，概述的步骤借鉴了国际碳行动伙伴关系和世界银行编写的早期碳排放交易体系开发方法简编，以及介绍现有碳排放交易体系和亚行发展中成员国正在开发的碳排放交易体系的最佳做法和经验教训的案例研究。最后，本书描述了决策者在实施这一战略时须面对的经济、政治和能力方面的挑战，如何应对这些挑战，以及在哪里能够找到支持和资源来实施碳排放交易体系。

大多数观察家认为碳税是不可或缺的，与碳排放交易体系或更广泛的政策组合相辅相成。碳税为二氧化碳和其他温室气体的排放定价，与命令和控制监管的办法相比，排放者可以更加灵活。碳税产生的收入可用于减免其他税收，直接补偿低收入家庭，或促进低碳技术的推广应用。

本书第 3 章以简明指南的形式阐述了对引入国家碳税相关问题的见解，并就如何设计和实施这些税制提供了分步指导，包括世界各新兴经济体碳税实践经验方面的案例材料，以及供进一步阅读的大量参考资料。

尽管化石燃料补贴合理化的好处众所周知，但各国政府在试图改革化石燃料补贴时会遇到各种各样的政治阻碍。为了有效地解决这些阻碍，各国政府必须对化石燃料补贴合理化采取恰当的战略方针，并建立有利于化石燃料补贴合理化的广泛政治和社会共识。

在本书第 4 章中提供了分步指导，介绍化石燃料补贴合理化的详细过程并解释每个阶段的关键考虑因素和分析要求，从准备基础工作和起草化石燃料补贴清单开始，一直到设计合理化战略并监督其实施。它是为亚行发展中成员国的政策制定者和部门工作人员开发的，探讨了化石燃料补贴合理化取得长期成功和持续发展所必须解决的主要政治问题。

当然，本书还有许多问题没有详细说明，这就让人们能够进一步了解该工具箱开发的目的。例如，因为该工具箱没有明确讨论自愿碳市场，决定把重点放在由政策制定者建立和监管的市场上。但可以明确的是，避免将任何国家的制度作为其他发展中成员国的"参考"或样板，所以本书选择的案例均是其他国家已经在做的事情，而且在相关领域发展中成员国又必须做出选择。作者没有要求读者必须遵循"最佳实践"，而是提出了其他国家所采用的各种不同的方法。

最后，读者可能已经认识到，这三个组成部分并不是相互分离的。由于这三项政策都试图提高碳价，随之而来的问题自然是选择正确的政策组合和可能需要参与执行的机构。

第 2 章　碳排放交易体系 2

2.1　概述

根据《联合国气候变化框架公约》及其批准的《巴黎协定》，所有国家都必须减少温室气体排放，以与其国家自主贡献提出的目标相一致。排放交易体系已在诸多国家中发挥作用（专题分析 2.1），协助各国政府通过分散化市场体系实施高效的财政激励机制，以履行其碳减排承诺（Di Maria et al., 2020; PMR et al., 2022）。亚行的 18 个发展中成员国在其国家自主贡献方案中提及了碳排放交易体系以减少温室气体排放，其中 6 个国家计划向其他国家出售碳信用。

碳排放交易体系旨在减少对高排放活动的投资，增加对清洁能源技术的投资。正如《巴黎协定》第 6 条（专题分析 2.2）所述，碳排放交易体系可以产生公共收入，这些收入可用于投资相应的碳减排活动或缓解由此产生的不利影响（IEA, 2020）。尽管碳排放交易体系具备高效性和有效性，但其成功与否取决于各种设计特征的选择与配置（Haites, 2018; Mirzaee et al., 2021）。本章旨在帮助亚行的发展中成员国设计高效的碳排放交易体系。

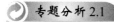
专题分析 2.1

现有碳排放交易体系（ICAP，2022a）

经过近 20 年的发展，碳排放交易体系的规模不断扩大（图 2.1）。

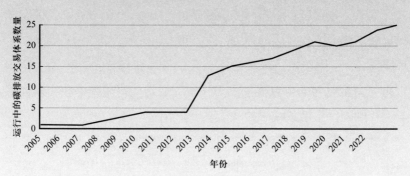

图 2.1　2005—2022 年运行中的碳排放交易体系数量

截至 2022 年，欧盟和其他 8 个国家共有 25 个碳排放交易体系，以及 25 个次国家级行政区域实施的碳排放交易体系，覆盖了全球 17% 的温室气体排放，并累计产生了 1610 亿美元的收入。另有 22 个碳排放交易体系正在筹建中

　　总量控制碳排放交易体系（图 2.2）设定了总体碳排放上限，这一上限通常会随着时间的推移按照国家碳减排目标逐步降低❶。在上限内，可交易的碳排放配额通过拍卖、免费分配或两者结合的方式，分配给受监管的各个行业、活动和（或）地理区域（ADB，2016a）。随着免费配额的减少，各实体依据对相对成本的考量，通过减少碳排放量、购买碳排放配额、使用碳抵消信用来确保其排放量不超过上限。

---

❶ 碳排放交易体系的结构可以进行定制设计。例如，印度尼西亚计划实施的碳排放交易体系将是一种结合总量控制、交易与税收的复合体系，对于超出碳排放上限的实体，将对其征收碳税（ICAP，2022b）。

专题分析 2.2

《巴黎协定》第 6 条下的新机遇

《巴黎协定》第 6 条确立了碳市场国际合作的框架。

第 6.2 条规定，所购得的缓解单位（mitigation units），即跨国转让缓解成果（internationally transferred mitigation outcomes，ITMOs），可用于履行国家自主决定的碳减排承诺，并可通过出售以筹集资金。各国可以根据第 6.2 条的规定，将其碳排放交易体系与另一国的体系相关联。

第 6.4 条为《巴黎协定》下的全球交易体系提供了规则，鼓励各国为了实现全球整体碳减排而取消跨国转让缓解成果。

各国在设计碳排放交易体系时应考虑第 6 条中的机制。碳排放交易体系的监管框架和核算体系应满足跨国转让缓解成果交易的核算要求，进而为气候行动提供资金支持。

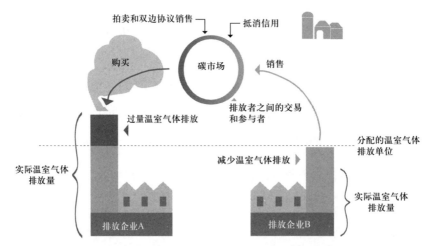

图 2.2　总量控制交易体系创造一个有效推动碳减排的碳市场

资料来源：Government of Ontario，Ministry of Environment and Climate Change.https：// cleanenergycanada.org/ontarios-first-cap-trade-auction-best-viewed-wide-angle-lens/

以下部分将探讨如何建立碳排放交易体系的法律框架并进行系统设计。

2.2 法律框架构建

由于强制性的碳排放交易体系必然会限制涵盖范围内实体的经济自由，因此拥有一个明确的法律基础至关重要。这一法律基础应做到：（1）以法定形式确定政府拥有实行该制度的权力；（2）明确参与者的权利和义务。通过将碳排放交易体系纳入法律，使该体系获得合法性和更强的政治稳定性，从而可以使碳排放交易体系释放价格信号，鼓励私营部门进行适当投资，为建立更有效的碳减排体系奠定基础（PMR et al.，2022）。若某国的国家自主贡献尚未包含碳排放交易体系，则在下次更新国家自主贡献时将其纳入，以表明该国对实施碳排放交易体系的政治承诺。

2.2.1 明确目标

在规划初期，发展中成员国应当明确碳排放交易体系在政策组合中的定位 ❶。政策组合可能包含以下内容：

（1）利用从碳排放交易体系中获得的收入，重新投入研发环节，以鼓励私营部门采用更为清洁的技术；

---

❶ 这种补充政策可包括：实行业绩标准；制定城市设计、土地和森林管理以及基础设施投资的新规则；开发新方法和新技术；运用金融工具，鼓励私营部门参与碳减排活动，并降低低碳技术和项目的风险权重资本成本（High-Level Commission on Carbon Prices，2017）。

（2）加强现有的规章制度和标准❶；

（3）支持气候正义议程，即将收益用于抵消碳减排带来的负面经济效应，或支持弱势群体增强对气候变化的适应能力；

（4）享受碳减排带来的共同效益，如减少空气污染、增进公共健康及提高能源安全（Eden et al., 2018）。

目标必须与国家自主贡献中的承诺保持一致。其他实践，例如利用收入支持碳排放交易体系目标的做法，应当被纳入法律框架中（专题分析2.3）。碳排放交易体系可在同一法律文件中与其他补充性政策相结合，这通常体现在对现行气候法或环境法的修正案中。

专题分析 2.3

案例研究：明确越南的目标（World Bank，2022b）

2022年1月，越南修订后的《环境保护法》正式确立了建立碳市场的合法性，并设定了四个互补目标：

（1）减少空气污染以保护人类健康；

（2）减少气候变化影响和环境退化；

（3）提高财政收入以鼓励创新和技术的绿色发展；

（4）吸引更多的外国直接投资，提高出口竞争力。

越南的目标表明，碳排放交易体系能够通过单一机制实现多种不同的目标。

---

❶ 为了减少碳排放，加利福尼亚州采取了几项措施：可再生能源组合标准、低碳燃料标准、车辆排放标准和能源效率措施。如果这些措施没有达到碳减排目标，碳排放交易体系会提供支持（资料来源：IEA. Defining the Role. https://www.iea.org/reports/implementing-effective-emissions-trading-systems/defining-the-role）。

2.2.2 确定正规化和集中化的程度

立法框架应体现所需的正规化程度。更为正式的体系倾向于在立法中详尽规定设计和实施的具体内容，这往往会带来更高的稳定性和合法性，从而更好地引导利益相关方的预期。例如，欧盟碳排放交易体系的正规化使其能够经受住众多法律挑战。然而，正规化也限制了系统的灵活性，欧盟碳排放交易体系用了 5 年时间才采取新的灵活性措施来应对 2009 年的金融危机（PMR et al.，2022）。正规化程度较低的体系在整个规划和实施过程中更容易采用灵活性措施，并且具备更大的灵活性。

立法可能仅仅授权设立国家层级碳排放交易体系或次国家层级体系。七个地方试点是中国碳排放交易体系设计的一部分。关于政府决策层级的关键决定也可以通过立法来确定。在美国东部实施的区域温室气体倡议（RGGI）虽是区域性协调倡议，但具体监管工作仍由各州负责。加入区域温室气体倡议的州必须采纳与既定的区域温室气体气候倡议规则相一致的规章制度。因此，尽管各州拥有各自的法定任务，但因所有参与州的规则保持一致，所以在区域碳排放交易体系中能够实现高效合作（RGGI，2022）。

2.2.3 确定核心机构职能

建立和实施碳排放交易体系涉及多种职能，需要明确责任实体之间的分工。负责日常运营的管理者可能是在框架立法下新设立的实体。应明确该管理者所属的主管部门，以及其他部门的职责。由于履约执行、市场监督和规则制定对于碳排放交易体系正常运作至关重要，政府机构必须对这些角色有明确的授权。立法还应规定系统的设计、实施、监测和审查程序，并明确谁有权就碳排放交易体系做出关键决定，例如如何和何时设定及修订碳排放上限，以及如何选择参与的行业。

2.2.4　确定推进的关键里程碑和时间表

立法框架应包括总体愿景、推进时间表以及进一步规划和实施的参数。立法可能要求进行环境、经济、监管和社会影响分析，并可能要求先行开展试点。此类规定对内部和外部的利益相关方是个激励，设定一个雄心勃勃但切实可行的推进时间表，会释放出强烈的信号，即碳减排是必要的，这有助于私人企业在实施前做出投资清洁能源技术的决策。

2.3　体系设计

一旦法律框架建立起来，政策制定者就可以按照 10 个步骤（图 2.3）开始设计碳排放交易体系。虽然这些步骤按顺序呈现，但许多步骤需要同步进行和反复迭代，且专家们对于最佳步骤顺序并未达成一致意见。最好将这些步骤视为一系列相互支持的行动，他们共同助力创建一个成功的碳排放交易体系。

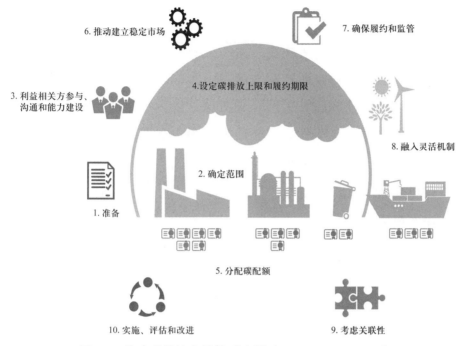

图 2.3　构建碳排放交易体系步骤（World Bank，2021）

2.3.1　准备

必须对排放进行可靠的计量，以便识别纳入碳排放交易体系的关键行业和排放源，并据此设计适宜的碳减排策略（专题分析 2.4）。已向《联合国气候变化框架公约》提交国家清单报告的国家，在其每两年提交的非附件 1 缔约方更新报告中，已经明确了各自国内的主要碳排放来源行业❶。这些报告可以作为确定纳入碳排放交易体系的行业以及何时纳入更多行业的依据。

---

❶ 资料来源：United Nations Climate Change. GHG Data from UNFCCC. https：//unfccc.int/process−andmeetings/transparency−and−reporting/greenhouse−gas−data/ghg−data−unfccc/ghg−data−fromunfccc.

每个主要排放实体应以二氧化碳当量报告排放量。通过报告，可以明确指出哪些实体将被纳入碳排放交易体系，并有助于提升这些实体的报告流程处理能力。可能需要几年时间才能完全培养出覆盖实体和监管机构正确测量、报告和验证排放量的专业能力。在此期间，监管机构必须制定报告框架，其中可能包括在线报告工具和培训等内容。一旦所覆盖的实体能够持续、可靠地报告排放量，其提交的报告应经过第三方核实，并且这一过程可能需要反复进行。

专题分析 2.4

案例研究：印度的基线设定 ❶

印度苏拉特市的试点项目采用了连续排放监测系统，以突出应优先关注的行业、活动和气体类型，并据此建立基线。连续排放监测系统数据显示，来自燃气和工业排放的细微颗粒物（$PM_{2.5}$）排放尤为突出。苏拉特市基于这一基线设置了碳排放上限，并进行了碳排放配额的分配。

通过将参与的行业与常规业务操作下的行业进行碳减排效果对比，以衡量碳排放交易体系的有效性。

基线有多种用途。

---

❶ 资料来源：India Spend. Explained：How Surat's Emissions Trading Scheme Works to Reduce Air Pollution.https：//www.indiaspend.com/explainers/surat-emission-trading-scheme-gujarat-works-to-reduce-air-pollution-763554.

一份完善、前后一致且经过核实的排放记录可确定基准年的排放值。碳减排量从这一基准年开始计算，进而为总量控制与交易体系设定碳排放上限，也可能成为碳排放交易体系启动时发放给所覆盖实体的碳排放配额。运行良好的报告流程允许监管机构和受监管实体正确跟踪碳减排进展。作为《联合国气候变化框架公约》报告的一部分，实体层级的报告有助于该国跟踪其在碳排放交易体系中碳减排的进展。

理解基准年排放量和产生这些排放量的过程，可以在假设无任何干预措施的情况下预测未来排放情况。这一预测结果即为基线。基线与碳减排记录共同用来衡量各项政策干预措施的效果。

2.3.2　确定范围

政策制定者在将部门纳入碳排放交易体系时应权衡排放量和参与者数量两个关键因素（ADB，2016a）。这两个因素会影响所选择的碳排放上限和碳排放配额。碳排放交易体系纳入的行业、活动和温室气体范围越广，碳减排潜力就越大。此外，随着参与者数量增多，市场流动性会更好，且当最大的部门被纳入时，碳减排努力往往更具成本效益（专题分析 2.5）。然而，参与者池越大，监管负担也会越重。由于小型实体在监测、报告和核查方面的相对成本较高，碳排放交易体系通常设置最低排放阈值，将排放量较低的实体排除在外。同样，在确定温室气体纳入的优先次序时，政策制定者也应考虑监测、报告和核查的成本和技术要求，因为某些气体比其他气体更难监测。

最佳实践是先从有限的范围开始，随着能力增强而逐步扩大。大多数体系从电力行业开始，并随着能力的提升逐渐涉足其他部门。迄今为止，大多数碳减排是在电力行业实现的，从而确保了更大范围内的知识和研究成果的积累。在欧盟碳排放交易体系中，进一步考虑纳入的行业选项包括重工业和航空业（European Commission，2021）。然而，值得关注的其他关键行业还包括建筑、交通、废物处理和航运业等领域。

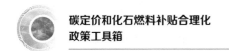
专题分析 2.5

案例研究：中国碳市场的范围（World Bank，2022b）

中国七个试点地区涵盖了优先行业、活动和温室气体排放的主要源头，覆盖了中国30%的国内生产总值和相当一部分的排放。全国碳排放交易体系最初仅聚焦于发电厂，因为基准年排放量显示燃煤发电厂排放量居于首位。自启动之初，中国就考虑纳入钢铁、铝、水泥、化工、造纸和民用航空。截至2022年，中国已将重工业和制造业纳入碳排放交易体系，覆盖范围扩大了70%。

2.3.3　利益相关方参与、沟通和能力建设

由于碳排放交易体系对国家的影响深远，因此需要公众和政治支持。利益相关方的参与有助于确保碳排放交易体系政策获得批准和持续支持。政策制定者应确定关键利益相关方，如图2.4所示，并了解他们在碳排放交易体系方面的立场、利益及其关切（专题分析2.6）。

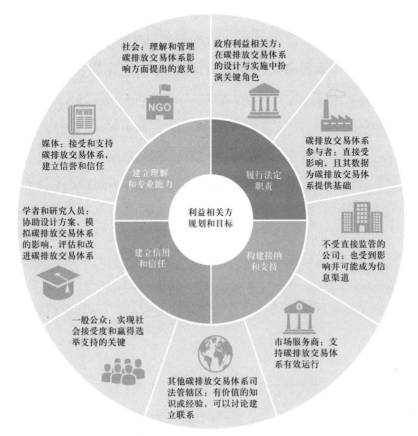

图 2.4 利益相关方参与的四个目标（ICAP，2001）

政策制定者应协调各利益相关方，以提高政策透明度，并避免出现政策漏洞或问题。指定一名政策团队成员作为利益相关方的联系人可能会有所帮助。最佳做法是设计一项参与策略（PMR et al.，2018），这有助于确保在每一阶段都能征询到所有利益相关方的意见。参与过程应透明并涵盖所有群体，应给予公共部门和私营部门平等的关注，以促进双方之间强有力的合作。

专题分析 2.6

案例研究：印度碳市场的参与主体 ❶

发展中经济体如印度，依赖能源密集型产业，因此针对减少能源使用的碳排放交易体系可能会成为一个敏感且有争议的话题。印度意识到，利益相关方的参与对于成功引入碳排放交易体系政策至关重要。在筹建全国性碳排放交易体系的过程中，始终将利益相关方的参与放在首位。自项目规划的初期，就积极开展利益相关方参与工作，确保项目的可行性、风险和影响都得到充分的考量。印度借鉴韩国的利益相关方参与计划，包括持续开展公开听证会和与行业领袖进行磋商。

借鉴其他国家实施碳排放交易体系的经验，可以降低整体工作难度。

圆桌会议召集利益相关方来表达关注点和观点，使其成为动员利益相关方的重要工具。参与不会在政策实施后结束，而是延伸至政策实施后的定期评估阶段，以确保政策按预期目标发挥作用。这一过程可能较为耗时，但若运作得当，则有助于确保政策获得广泛的接纳。

对碳排放交易体系持谨慎态度的利益相关方可通过与其建立关系，有意义地将其纳入设计方案，并证明为什么碳排放交易体系对整个国家最为有利，从而将其转变为支持者。这使得在早期

---

❶ 资料来源：Government of India，Ministry of Power. National Carbon Market. https：//beeindia.gov.in/sites/default/files/publications/files/NCM%20Final.pdf.

阶段就让利益相关方参与变得至关重要。加强所覆盖实体的能力培养，确保其具备在碳排放交易体系内有效运作所需的技能、流程及工具（专题分析 2.7）。

专题分析 2.7

案例研究：中国的碳减排能力建设（World Bank，2022b）

2022 年，中国进入了以碳减排能力建设为主的新阶段。随着其碳排放交易体系采用新技术并纳入新行业，其碳减排能力建设方案也在发展，以帮助利益相关方学习新方法和新技术。中国的碳排放交易体系技术援助计划是全球规模最大的。

利益相关方的参与和能力建设相辅相成，因为利益相关方必须能够理解、分析和响应碳排放交易体系政策。然而，所需的能力会因利益相关方及其角色的不同而有所差异。为了提升能力建设，政策制定者可以整合教育资源、制定指导方针，并为利益相关方和工作人员提供培训。目前已有多种教育工具和研讨会模式可供利用。应定期评估能力建设工具，以确保其实现既定目标，并随着更广泛的碳排放交易体系政策演变而不断发展。

2.3.4 设定碳排放上限和履约期限

碳排放上限和履约期限是碳排放交易体系的基本构成要素。碳排放上限是在特定时期即履约期限内允许的排放总量，以吨二氧化碳当量表示，每吨为一个配额单位。随着时间的推移，碳排放上限应根据国家温室气体碳减排目标而降低，碳减排目标应在国家自主贡献中确定，并按行业、活动和温室气体类别进一步细分。随着碳排放上限的降低，参与者将更有动力寻求创新的碳减排方法。对于次国家级层面的碳排放交易体系，好的做法是将其碳排放上限与国家碳减排目标相协调，以防止核算错误发生（专题分析2.8）。

专题分析2.8

案例研究：日本的碳排放上限（ADB，2016a）

日本的碳排放交易体系在防止重复计算和碳泄漏方面，为如何有效衔接多个次国家级层面的碳排放交易体系提供了有益参照。尽管各县（都道府）有自己的制度，但碳排放上限和覆盖范围却是全国统一设定的。排放配额根据历史排放情况进行分配。

在确定和应用碳排放上限时保持灵活。

2.3.4.1 上限设定方法

（1）数据要求。政策制定者使用一系列数据来确定碳排放上限的目标和上限的类型：历史排放量、基线情景下的未来排放预测、技术和经济能力、碳减排潜力、现有政策对碳减排的促进或制约因素，以及国家或行业的碳减排目标。

（2）确定碳排放上限目标。政策制定者在为碳排放交易体系设定上限目标时，需要权衡三个问题：① 碳减排和碳排放交易体系成本之间的权衡；② 上限目标与更广泛的环境目标的一致性；③ 受限行业和不受限行业之间的责任分担比例（Healy，2018）。

（3）碳排放上限类型。有两种类型的碳排放上限，绝对上限预先确定配额量，强度上限则是按照输入或输出单位（如单位国内生产总值的吨二氧化碳当量）来发放配额。理论上，强度上限是可行的，但在向不同行业或企业分配配额时，可能会遇到较大困难（Baron，2012）。

（4）方法。自上而下的上限设定主要基于气候变化数据、国家自主贡献中的温室气体减排目标、成本，或参照相似国家设定的上限来预测未来的排放情况。而自下而上的上限设定方法则是从一个公司或部门开始，基于排放强度进行设定。在这种方法中，超过设定排放水平的企业需向地方政府报告其生产和能源消耗数据，地方政府根据地区或国家的目标来分配碳排放配额。这些来自企业和行业的总量数据是设定上限的关键依据。政策制定者可以结合这两种策略（自上而下和自下而上）来设定碳排放上限。

2.3.4.2　上限设定过程

以下是设定上限的通用步骤：

（1）设定国家目标并获得政治支持。

（2）收集历史排放数据，尤其是企业和行业层面。

（3）确定减少排放的基准线。

（4）计算各行业未来排放情景下的排放预测值和产出量。

（5）确定减少排放的技术机会及其经济成本。

（6）让气候变化政策团体和行业领导者参与进来。

（7）考虑确保获得国内或国际抵消额度，与其他碳排放交易体系建立关联，并对配额进行储备管理。

设定上限主要有两种技术方法，即通过线性碳减排因子和根据选定的排放预测值或基准，应用一定百分比的排放偏差（Healy，2018）。在墨西哥，基于线性碳减排因子确定的上限设定方式如下：第一种方法是参照2016年排放量计算出绝对碳减排量的变化，然后将该变化应用于整个履约期间的每一年。例如，以2016年的排放基线为基础，设定每年的排放量比上一年减少1%（图2.5）。第二种方法是将上限与墨西哥在各个交易期内正常情况下国家自主贡献基线保持一致，在此情况下，墨西哥的目标是在其正常情况基线基础上碳减排22%。

在图2.5中，线性碳减排因子情景下的碳排放上限并未与墨西哥国家自主贡献目标路径保持一致，而是按照该时期内每年1%的排放增长趋势设定。而在偏差情景下，碳排放上限直接与国家自主贡献目标路径贴合。

大多数碳排放交易体系的履约期限为1～5年（专题分析2.9）。履约期限较短可能会带来挑战，因为碳排放量并非总能准确预测，正如新冠疫情期间的经验所示。

排放量会随商业决策或市场波动等因素逐年变化，为了平滑这种年度间的波动，监管机构可以选择将履约期限设定为多年（专题分析2.10）。另外，如果履约期限太长，所覆盖实体可能会推迟碳减排行动，使碳排放交易体系在短期内效果减弱。无论履约期限长或短，每个时期的碳排放上限都应与实现长期目标和国家自主贡献的短期目标相一致。

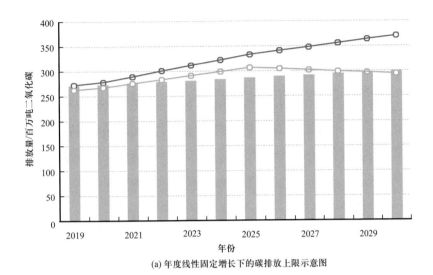

(a) 年度线性固定增长下的碳排放上限示意图

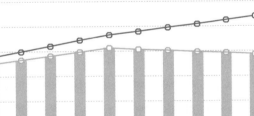

(b) 基于国家自主贡献目标的碳排放上限示意图

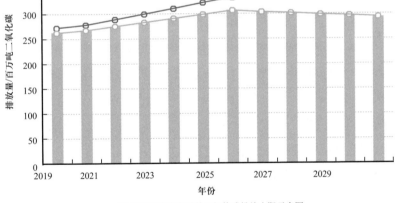

图 2.5　墨西哥设定上限的方法（Healy，2018）

图（a）从基线开始，若采用 1% 的线性碳减排，则意味着每年碳排放上限将会按 1.1% 的比例递增；图（b）上限逐年调整，以与国家自主贡献目标保持一致

专题分析 2.9

案例研究：印度的碳排放配额 ❶

多数情况下，如在印度的苏拉特市，监管机构同时负责确定碳排放上限与分配碳排放配额。苏拉特市碳排放交易体系的初始履约期非常短，仅为 6 个月。该体系采用历史法进行分配，80% 的配额免费发放，其余 20% 通过拍卖方式发放。参与者依据其在履约期末的履约状况，在碳市场上交易配额。在一个履约期结束后，评估每个参与者取得的进展，并确定下一个履约期的碳排放配额。

履约期限可短于 1 年。

专题分析 2.10

案例研究：哈萨克斯坦的履约期限和碳排放上限

哈萨克斯坦为其碳排放交易体系设定了切实可行的短期和长期碳减排目标。其中包括到 2025 年比 1990 年的碳减排 15%，到 2060 年实现碳中和（Marteau，2021），其碳排放交易体系上限反映了这一目标（Environmental Defense Fund，2016）。哈萨克斯坦的碳排放交易体系以两年为一个履约期进行运作，且在每一个履约期内的每一年都设有独立的上限。例如，在 2014—2015 年的履约期内，2014 年的二氧化碳排放上限设定为 1.554 亿吨，2015 年则为 1.53 亿吨。

---

❶ 资源来源：India Spend. Explained：How Surat's Emissions Trading Scheme Works to Reduce Air Pollution.https：//www.indiaspend.com/explainers/surat−emission−trading−scheme−gujarat−works−to−reduce−air−pollution−763554.

年度合规性审查可能成本高昂，因此在确定履约期限时应将其预算纳入考量范畴。履约期的长度有助于确定抵消及其他灵活工具的使用和适用性，后面的步骤中将对此加以讨论。履约期限规划的其他方面还包括确定单位碳价、涵盖的温室气体种类与行业范围、参与者数量，以及允许使用的履约工具和灵活性措施。

《巴黎协定》的履约期为 5 年。该协定第 9 条规定，从 2023 年开始，所有缔约国需每 5 年报告其在实现国家自主贡献方面的进展情况，并进行全球盘点。为了最大限度地减轻报告负担，各国可能会考虑为其碳排放交易体系采用一个配套的履约周期。

2.3.5　分配碳配额

配额确定了所覆盖的每个实体在每个履约期限内允许的排放量。

在确定碳排放交易体系的总体碳排放上限后，在每个履约期开始时，通过免费分配或拍卖的方式将配额分配给所覆盖实体。在碳排放交易体系建立初期，常采用免费分配方式，以减轻对所覆盖行业的冲击并防止排放泄漏。因为免费分配会降低碳市场的运行效率，随着碳排放交易体系的成熟，各国通常会转向采用拍卖的方式分配配额（专题分析 2.11）。

专题分析 2.11

案例研究：中国的配额制度（IEA，2020b）

在设定碳排放上限并分配相应配额后，中国发现不同省份从中受益的程度存在显著差异。依赖于各自的经济活动特性，部分省份保持了大量的配额盈余，而部分省份则面临着较大的配额赤字，造成了经济影响显著失衡的状态。研究表明，这种现象可能是由于采取的无偿分配制度造成的。一种可能的解决策略是逐步引入配额拍卖机制。

在引入和运行碳排放交易体系时，预期将会出现各种意想不到的情况。

若选择免费分配方式，可通过两种方式确定分配给所覆盖实体的配额数量[1]：

（1）历史法。基于历史排放量确定配额。通过建立一个基准期，并根据各实体在该期间的历史排放量确定配额。例如，若一个实体在基准期内产生了 10 吨二氧化碳当量的排放，则该实体将在履约期内获得 10 个配额。

（2）基准线法。配额是根据每个实体的历史产量或当前产量乘以排放强度基准（该基准可能基于通过改进技术所能达到的排放水平）来计算。例如，若设定每单位产出的基准配额为 0.7，如果该实体在履约期内生产出 10 个单位产品，则其将获得 7 个配额。

这两种分配方法各有利弊。历史法在政治上和经济上更有

---

[1] 资料来源：International Carbon Action Partnership（ICAP）. Allocation. Berlin：International Carbon Action Partnership. https：//icapcarbonaction.com/en/allocation.

利，因为它对政府和企业而言初始成本更低。然而不利之处在于，这种方式可能会因分配更多配额而奖励了高排放者，并有可能对小型参与者形成准入壁垒。基准线法虽然初期投入成本较高，但却能激励各方付出更大努力减排，并更加公平合理。

认识到免费分配方法对企业进入和退出该行业可能产生的潜在影响至关重要。历史法和基准线法都可能构成准入壁垒，因为新公司在初始阶段不会获得免费分配的配额。而由于新公司无法依赖历史排放量，因此主要关注新进入者时，基于产出的免费分配方式是最佳选择。对于即将关闭的企业，历史法和基准线法可能会有问题，因为此类企业可以出售其免费获得的配额，以获得意外收益。对此，可以通过要求企业在维持最低期限的运营后才能获得免费分配的方式来予以纠正（PMR et al.，2021）。

若碳排放交易体系通过要求参与者购买配额来运作，配额价格通常由拍卖过程决定。此体系有助于筹集资金，可用于运营碳排放交易体系、核查履约情况以及支持其他目标，如促进适应性调整和增强气候韧性等。建议通过拍卖来防止串通，并通过显示配额需求提高透明度（ADB，2016a）。

一旦配额设定完毕，参与者必须减少自身排放量，或者从其他不需要全部配额的参与者那里获得配额。碳排放交易体系的一个典型特征是，拥有超额配额的参与者可以出售其剩余配额以获取利润，这就是"交易"在总量控制与交易体系中的作用。在履约期结束前，参与者根据自身需求在碳市场上进行交易，以确保所有参与者都符合规定，持有至少等于其实际排放量的配额。

该方案旨在通过连续多个履约期间逐步降低碳排放上限及相应配额，从而鼓励参与者减少自身排放，而非依赖购买盈余配额。随着上限的持续降低，此类购买行为的成本将随着时间的推移而增加 ❶。

2.3.6 推动建立稳定市场

碳排放交易体系拥有任何自由市场体系的所有优点、缺点和不完善之处。全球经验表明，为了最大限度地发挥市场优势并避免市场最严重的弊端，必须对市场进行监管（Quemin et al.，2022）。为此，碳排放交易体系框架设置了成本控制储备机制和排放量控制储备机制（专题分析 2.12）。

专题分析 2.12

案例研究：美国区域温室气体倡议中对市场波动的监管 ❷

为管理和调节其碳市场的供需状况，美国区域温室气体倡议实施了两项战略储备机制，即成本控制储备和排放量控制储备。成本控制储备约占各参与州预算的 10%，该储备在触发价格时被释放，2022 年的触发价格设定为 13.91 美元，并且每年将按 7% 的比例递增。排放量控制储备于 2021 年实施，在 2022 年设定的触发价格为 6.42 美元，同样也将按 7% 的比例逐年递增。

---

❶ 资料来源：The World Carbon Pricing Database provides a harmonized record of sector coverage and prices in carbon pricing mechanisms implemented worldwide from 1990 to 2020. https://www.rff.org/publications/data-tools/world-carbon-pricing-database/.

❷ 资料来源：Regional Greenhouse Gas Initiative. https://www.rggi.org/program-overview-and-design/elements.

监管机构会在成本控制储备机制中持有超过分配给所覆盖实体一定数量的配额，这些配额仅在配额市场价格突破预设价格上限时才会被释放。一旦释放这些配额，将增加市场的配额供应，从而促使价格回落到上限以下。

如果价格低于预设的下限，就会触发成本控制储备机制，将从市场中回收配额并将其存入储备中。当碳价格高于最低水平时，可以释放配额（专题分析 2.13）。

专题分析 2.13

案例研究：中国碳市场的监管工具（ADB，2016a）

中国部分省份的碳排放交易体系采用成本控制储备和配额回购制度。将配额返还给体系监管机构的选择有助于减轻供求关系变动所导致的价格波动风险。采用这一制度的前提是，需确保一个明确的优势，即将配额返还给监管机构而不是出售给超排者能更好地调节市场供需平衡，稳定碳排放权的价格。

碳排放交易体系与宏观经济之间存在着紧密联系，而且该体系还能运用其他市场中常见的工具，如期权、期货、远期合约和掉期合约等金融衍生品（专题分析 2.14）。为确保该市场的有效监管，对于上述交易工具应制定并颁布相应的规则。政策制定者在构建市场结构时应采取以下行动，并应定期重新审视其决策（PMR et al.，2021）：

（1）确立市场干预的依据并识别相关风险。

（2）建立储存和预借规则。储存机制准许参与者通过提早留存部分未使用的排放额度，为未来履约期构建安全缓冲。预借机制允许参与者在当前履约期内使用未来的碳排放配额。

（3）建立市场参与规则。

（4）确定二级市场所扮演的角色。

（5）决定是否干预以解决低价、高价或两者兼而有之等问题，以及选择合适的价格调整或供应调整等干预措施。

> **专题分析 2.14**

案例研究：日本灵活的碳市场机制（ADB，2016a）

日本的碳排放交易体系明确规定了各种灵活机制和允许的使用范围。

抵消机制：各县（都道府）域内的国内抵消信用的使用无限制，但一个县域内的碳减排量中，来自该县外部设施产生的抵消信用不能超过 1/3。

可再生能源证书：这些证书针对特定项目发放，并被视为抵消额度。

储存和预借规则：碳排放交易体系允许储存业务，但不允许预借。在连续的履约期之间，储存业务也受到限制。

交易：在该体系下，只允许交易与能源相关的碳信用额。

知识共享有助于制定成功的政策。在挪威、美国国际开发署和欧洲复兴开发银行的支持下，哈萨克斯坦制定了在其碳排放交易体系中使用抵消额度的规程。哈萨克斯坦允许使用灵活机制，不仅有利于碳排放交易体系，也有助于使其在政治上更容易接受并获得公众的认可。在 2014—2015 年履约期间，哈萨克斯坦允许使用抵消信用、预借、关联和联合履行机制等多种灵活措施（ADB，2016a）❶。

供给和需求在决定碳价方面起着重要作用。然而，由于供应由设定上限并确定配额分配方式的政策制定者控制，因此政策制定者也在一定程度上决定了价格。碳价波动应是可预测的，且定价机制应透明。如同任何市场一样，碳市场也容易受到冲击，因此保持灵活性非常重要。由于碳价本身不应成为较小参与者进入市场的壁垒，因此在设计碳排放交易体系时，市场结构应当作为一个关键考量因素，通过设置排放阈值以降低小型企业的履约成本。

2.3.7　确保履约和监管

需要设立监管机构来确保碳排放交易体系的所有参与者都遵守规定（专题分析 2.15）。

碳排放交易体系覆盖的所有行业和市场参与者都应被识别并受到监管。通过批准的方法管理排放报告、监督和审批核查机构和核查计划、建立市场和登记操作的规则和方法、管理审批和核查流程，以及设计并执行相应的处罚措施，可以确保履约（ADB，2016a）。监管范围应涵盖碳排放交易体系政策和登记体系的所有部分。

---

❶ 联合履行机制是《京都议定书》创建的，允许附件一国家所覆盖的实体购买和应用其他附件一国家开发的抵消额度。

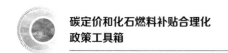

专题分析 2.15

案例研究：中国碳市场的监管机构（ADB，2016a）

中国的碳排放交易体系设有国家和省级两个层级。因此，监督来自两个相互协调的不同监管机构。

在国家层面，国务院碳交易监管机构制定基本规则和模式，而在省级层面，碳交易监管机构负责执行、管理和强化这些规则。

这种双重制度也适用于碳市场登记体系。省级层面有次级登记册，在履约期结束时将数据汇总至国家层面。因此，可以追踪国家整体对于其国家自主贡献目标的实现情况。

一套包含经济和社会手段的惩罚制度能够确保履约，并进而推动碳减排。经济处罚对违规行为处以罚款，当然罚款应高于遵守碳排放交易体系的成本。社会处罚包括公开披露信息和刑事制裁。监管机构应确定执行规则、模式和处罚的最佳方式（专题分析 2.16）。

监管机构还负责审批和管理第三方核查机构。通过外部验证过程，可以确保所有报告的准确性和透明度，从而增强碳排放交易体系的可靠性，并增强对其的信任度。这也有助于防止排放量重复计算、泄漏及其他关于排放清单的问题发生。

2.3.8 融入灵活机制

灵活机制可以降低实现排放目标的成本。有三种灵活机制可以帮助所覆盖实体满足其碳减排要求，分别是抵消机制、储存机

专题分析 2.16

案例研究：印度碳市场的监管考量 ❶

印度古吉拉特邦的碳排放交易体系由现有的古吉拉特邦污染控制委员会监管。该机构负责确定碳排放交易体系所涵盖的所有流程的规则和操作模式。它负责审批参与者，并确保所有监测和报告的准确性和透明度。

古吉拉特邦污染控制委员会还负责强制执行履约规定，并处罚不遵守规定的参与者。它制定了超额排放 200 卢比 / 千克的环境损害赔偿标准。该体系中的所有参与者必须提交一笔基于其基线评估结果确定的环境损害押金才能参与。

制和预借机制。所选择的机制必须取决于其对碳排放交易体系和国家的益处。灵活机制有助于降低准入门槛，从而提高参与率。

上文介绍了储存和预借机制，其主要缺点是可能会降低总体碳减排量，抵消机制亦是如此。抵消机制提供了地理上的灵活性，允许碳排放交易体系外部发生的碳减排或碳封存活动，无论是国际上的还是国内的，来补偿体系内部的超额排放。抵消额度通常通过诸如甲烷破坏、森林保护或提高能源效率等项目产生，在碳排放交易体系范围之外提供低成本的缓解气候变化的机会。首个国际碳抵消机制的范例是《京都议定书》提出的清洁发展机制。

---

❶ 资料来源：India Spend. Explained：How Surat's Emissions Trading Scheme Works to Reduce Air Pollution.https：//www.indiaspend.com/explainers/surat–emission–trading–scheme–gujarat–works–to–reduce–air–pollution–763554.

抵消机制必须仔细设计以避免滥用，许多碳排放交易体系会设置抵消额度使用的上限，以确保满足碳排放上限的要求。由于抵消机制使用的是非覆盖实体实现的碳减排量，这带来了质量控制方面的挑战。为了确保抵消项目的质量，其必须具备真实性、额外性、可验证性、可量化性和可执行性。当前，黄金标准组织（Gold Standard）和维拉（Verra）等多家机构负责核实和认证抵消项目。未来，《巴黎协定》第 6.4 条将规范全球碳市场的创建，该市场将由一个监管机构监管，并由该机构发行被称为 A6.4ERs 的信用额度。这将更好地规范抵消项目的质量保证和认证过程❶（Dufrasne，2021）。

碳排放交易体系必须明确规定生成抵消额度的规程，并且抵消额度应由第三方进行验证。如果从其他国家的实体购买抵消额度，则《巴黎协定》的规则很重要。根据第 6 条的规定，对抵消额度用于满足碳排放上限和减缓目标进行了限制，因为它们可能减少碳排放交易体系自身直接实现的碳减排效果。

2.3.9　考虑关联性

关联不同碳排放交易体系允许一个体系中的碳排放配额在另一个体系中使用。这种关联创造了一个更大的碳市场，增加了市场的流动性，并加剧了价格竞争。被纳入碳排放交易体系的企业

---

❶ 资料来源：Carbon Market Institute. COP26 Key Takeaways：Article 6 Explainer. https：//carbonmarketinstitute.org/app/uploads/2021/11/COP26−Glasgow−Article−6−Explainer.pdf.

能获取到比本国碳排放交易体系价格更低的碳排放配额，从而降低整体碳减排成本并产生经济效益。随着碳排放交易体系的相互关联，它们的碳价格将趋于一致，这将有助于缓解对经济竞争力的担忧，并减少碳泄漏风险（PMR et al.，2021）。知识共享和国际合作也可以减少研发工作的重复。此外，未来参与到碳排放交易体系的关联可以碳使排放交易政策在政治层面更容易接受。虽然关联可以给各个国家带来诸多好处，但也会带来一些风险，这就要求在设计碳排放交易体系时具备一定的灵活性，以确保在联合市场中保持一致（表 2.1）。

表 2.1　关联的收益和风险（ICAP，2022a）

项目	收益	风险
经济	降低跨系统的总履约成本； 提高市场流动性和深度； 可以减少泄漏和竞争力问题； 可吸引外部资源用于减少排放	可能导致国内排放量增加，减少环境和社会共同效益
	可以促进价格稳定，但也可能引入国外的价格波动； 可能导致显著的金融转移支付； 可提高行政效率：预关联谈判和可能的方案修改可能会带来较高的成本，而关联体系通过资源共享可能降低行政成本	
政治	通过降低成本和国际合作，可能加强国内碳排放交易制度的合法性和持久性； 可能增加提高碳减排目标的可能性	可能会在国内引发政治关注，主要涉及对外资源转移及其分配效果
	能够助力塑造并推动全球气候行动的势头，但同时也降低了国家对计划设计和目标的独立控制程度	
环境	鉴于关联带来的成本效益优势，可以鼓励政策制定者采纳更为雄心勃勃的目标	与一个同样不健全的系统相联系，可能会导致设定较宽松的碳减排目标

已有的关联体系实例包括欧盟与瑞士的关联、中国地方体系、日本东京和埼玉县的关联、美国加利福尼亚州和加拿大魁北克省的关联，以及美国东北部各州的区域温室气体倡议（图2.6和专题分析2.17）。虽然关联通常是在建立碳排放交易体系之后进行的，但区域温室气体倡议从一开始就计划进行关联。在开发阶段就考虑关联的可能性可能是明智之举，这样可以确保在全球范围内以及每个国家都能获得收益。更复杂的关联结构也是可能的，包括使用类似于清洁发展机制这样的信用体系所产生的抵消额度，或者实行单向关联。

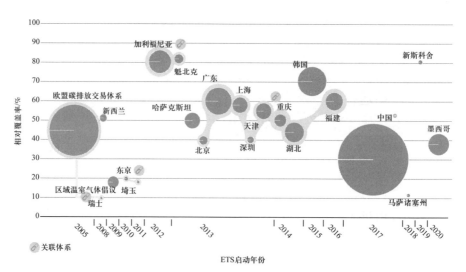

图 2.6　关联的碳排放交易体系（ICAP，2021）
气泡大小根据所覆盖排放量大致估算体系规模，气泡中心表示司法管辖区
内受管制排放的比例。
① 中国碳排放交易体系于2017年启动，并于2021年开始运行

专题分析 2.17

案例研究：区域温室气体倡议中的关联性（ADB，2016a）

区域温室气体倡议是美国东北部和大西洋中部几个州之间的一项关联安排，是一个涵盖电力部门的独立碳排放交易体系。每个州都在一个共同运营机构设定的框架内制定各自的碳排放交易政策并发放配额。区域温室气体倡议根据该地区电力部门的排放量为每个履约期设定了碳排放上限，配额通过拍卖进行分配，必须在三年履约期结束时根据排放水平上缴。碳排放交易体系中的所有州之间都允许交易。事实证明，这一关联体系在减少温室气体排放、使排放与经济增长脱钩以及增加净经济效益方面是有效的。

2.3.10　实施、评估和改进

在启动运行阶段，实施机构有试点和分阶段实施两种选择方案。试点通常会涉及最终将受到监管实体中的一小部分。例如在中国，他们按地理区域进行界定。分阶段实施可以根据实体产生的总排放量来定义。在第一阶段仅纳入大型排放者的优势在于，他们更有可能拥有实施所需的资源，实施机构也可以选择分阶段引入对监测、报告和核查的要求。

建议采用政策评估指标来促进通过碳排放交易体系建设实现定期进展。这些指标除了对外部合规性进行检查和审查外，还支持内部评估。鉴于全球碳排放交易体系的发展仍处于初级阶段，因此鼓励持续进行研究与开发工作。

评估应涵盖碳排放交易体系的监测、报告和核查阶段。政策制定者应决定审查的时间、过程和范围。更明确的规定能确保评估过程中精准发现碳排放交易体系政策设计中的缺陷和所需调整之处。评估应让所有利益相关方参与进来，以确保该体系按计划跨行业和部门运行（专题分析 2.18）。

专题分析 2.18

案例研究：哈萨克斯坦碳市场的评估和改进
（Environmental Defense Fund，2016）

尽管碳排放交易体系承诺了许多益处，但它并不能总是保证有效。哈萨克斯坦的碳排放交易体系就受到了负面影响，电力行业的二氧化碳排放量和排放强度未降反升。因此，有必要对政策进行重新评估，以解决政策中任何未曾预见的情况或错误。

哈萨克斯坦委托进行了一项分析，展示了如何通过增强利益相关方的参与度以及解决碳配额分配和交易中的不足，重新有效地设计其碳排放交易体系。

利益相关方可以使用跨学科的视角帮助识别缺陷并提出改进方案。在进行常规项目评估时，应重新审视与其他碳排放交易体系关联的机会。

2.4 缓解潜在挑战

设计良好的碳排放交易体系与强有力的监测和评估体系相结合，可以推动一个国家实现其碳减排目标。然而，如同任何政策工具一样，碳排放交易体系可能会带来一系列广泛的挑战。

下面介绍一些较为常见的挑战，并提出了相应的缓解策略。

2.4.1　保持经济竞争力

引入碳排放交易体系的一个常见问题是其对经济可能造成的潜在影响。关注点主要集中在相对于其他国家的经济竞争力，以及对所覆盖行业的影响。

保持与其他国家的经济竞争力与碳泄漏问题密切相关。泄漏是指碳排放从一个排放政策较严格的司法管辖区转移到另一个政策不太严格的司法管辖区。泄漏的两种主要类型是生产泄漏和资本泄漏。生产泄漏是指企业为应对碳排放交易体系下运营成本的增加，将部分生产活动转移到监管较松的管辖区。资本泄漏是指企业预期在碳排放交易体系下盈利水平下降的前提下，减少投资的现象。由于资本泄漏影响长期经济投资，因此其造成的损害可能更大，且影响更为持久。除经济影响外，泄漏还会产生负面的政治后果。此外，当排放不是真正减少而是地理上的转移时，这也削弱了碳排放交易体系碳减排的根本目标。

虽然在设计和实施碳排放交易体系时，碳泄漏是一个重点关注的问题，但在实践中几乎没有证据表明碳泄漏这种情况普遍存在。在大多数司法管辖区，碳价尚未达到足以显著影响生产经济性的水平，且有时会使用免费配额来防止潜在碳泄漏。此外，随着全球对碳减排的日益关注，多数国家采取措施实现其国家自主贡献目标，未来企业几乎难以在任何国家逃脱排放法规的约束。

此外，欧盟和其他国家正在考虑引入碳边境调节机制，通过对进口商品收取费用以平衡其生产过程中产生的排放差异，从而防止泄漏 ❶。

为了减轻对所覆盖行业的潜在负面影响，政府可以采取免费分配方式、利用拍卖收益来缓解相关实体因经济影响所受到的冲击、提供其他形式的财政援助或税收减免措施。采取这些策略的政府必须在保持经济竞争力与激励碳减排之间寻找平衡。政府还可逐步取消免费分配或其他援助措施，从而在碳排放交易体系实施初期减轻负面经济影响，同时继续朝着碳减排目标迈进。这是体现建立碳排放交易体系需要长期战略思维的一个实例。

2.4.2　自愿市场

自愿碳市场允许企业购买碳信用或抵消额度以实现其内部气候目标。近年来，自愿市场大幅增长，截至 2021 年 11 月已达到 10 亿美元规模，而《巴黎协定》第 6 条下关于国际合作的新准则可能会增加未来的需求。企业净零排放承诺在私营部门的普及可能会在未来几年进一步推动自愿碳市场的迅速增长（World Bank，2022）。

虽然自愿市场可以为所覆盖实体提供低成本的替代方案以满足其碳排放上限的要求，但过度依赖国际碳抵消信用额度可能会

---

❶ 资料来源：Center for Climate and Energy Solutions. Carbon Border Adjustments. https：//www.c2es.org/content/carbon-border-adjustments/.

扰乱碳排放交易体系市场。具体来说，碳抵消机制的引入可能导致配额过剩，进而压低价格，同时削弱所覆盖实体减少国内排放的积极性。如果国际碳抵消额度的价格低于国内碳价，则可能导致国内无实质碳减排。基于此种风险，很多碳排放交易体系限制或完全禁止国际碳抵消额度的使用。如果碳排放交易体系允许使用抵消额度，则必须从战略上设计纳入抵消额度的参数，以防止过度依赖国际抵消额度来满足国内碳减排目标。

2.4.3　欺诈和市场操纵

碳排放交易体系的几个特点使其容易受到欺诈和市场操纵的影响：缺乏实物商品，涉及大量资金，以及众多各异的体系和监管不成熟、监管和透明度不足的衍生品市场。欺诈的类型包括：虚报碳减排量；出售不存在或不属于卖方的配额；利用薄弱的监管规定实施洗钱、证券或税务欺诈，或其他金融犯罪。国有企业会促成一种特殊形式的市场操纵。国有能源垄断现象及能源行业中存在经营不善、亏损严重的国有企业所带来的挑战，可能会阻碍碳排放交易体系的有效设计和实施。

由于参与者必须信任碳排放交易体系才能使其有效且高效运作，因此在规划之初就高度重视透明度和监督是至关重要的。欺诈风险可以通过建立一个强有力的法律框架来监管市场、实施独立核查和强化执法机制来解决，从而维持对该体系的信任（Interpol Environmental Crimes Programme，2013）。

2.5　支持碳排放交易体系开发和实施的资源

作为减少温室气体排放和履行《巴黎协定》承诺的举措之一，若发展中国家寻求在构建碳排放交易体系方面的支持，将在能力建设、规划和实施的所有方面得到协助。

亚行的区域部门通过国别项目规划提供支持。根据其"碳市场 2.0 计划"，亚行实施了以下计划，以支持发展中国家采用和推广碳排放交易体系（图 2.7）：

（1）技术援助机制（The Technical Support Facility）帮助发展中国家有效利用清洁发展机制项目。

（2）《巴黎协定》第 6 条支持机制（The Article 6 Support Facility）协助各国建立和参与与其国家自主贡献一致的国内、双边和国际碳市场。

（3）气候行动催化基金（The Climate Action Catalyst Fund）通过碳减排成果国际转让向发展中国家提供碳融资。

（4）信用营销机制（The Credit Marketing Facility）提供知识资源，供发展中国家设计抵消合同，并最大限度地提高抵消项目的财务回报。

（5）日本联合信用机制基金（The Japan Fund for the Joint Crediting Mechanism）通过与发展中国家建立碳减排成果国际转让伙伴关系，向其提供赠款和技术援助。

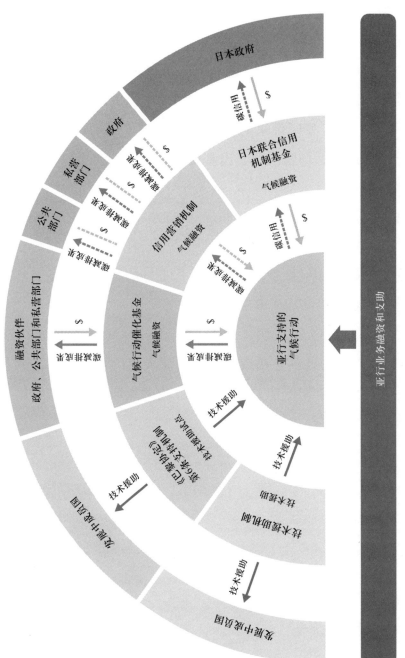

图 2.7 亚行 "碳市场 2.0 计划" （ADB, 2022）

其他提供资源、技术指导并促进国家间就碳排放交易体系展开合作的组织还包括：

（1）市场伙伴实施基金（Partnership for Market Implementation，PMI）旨在帮助各国设计、试行和实施碳定价工具，并充分利用《巴黎协定》第6条所带来的益处。孟加拉国、印度、印度尼西亚、哈萨克斯坦、马来西亚、巴基斯坦、中国、泰国和越南参与了该项目。

（2）国际碳行动伙伴组织（International Carbon Action Partnership，ICAP）为成员提供了合作和学习的平台，旨在促进各碳排放交易体系之间的联系，目标是构建一个运作良好的全球碳市场。哈萨克斯坦作为观察员参加了ICAP。

（3）碳定价领导联盟（Carbon Pricing Leadership Coalition，CPLC）致力于促进各方在诸如企业内部碳定价、碳定价研究和交流等领域建立合作伙伴关系。印度、哈萨克斯坦和巴基斯坦已参与到这一联盟中。

第 3 章　碳税

3

3.1　概述

许多亚行的发展中成员国对机动车燃料及其他能源产品征收消费税，对碳排放进行了隐性定价。最近备受关注的一个议题是，各国有机会通过明确的碳定价来补充此类税收，或者将消费税转化为与各类燃料碳排放相一致的碳定价框架（图 3.1），以实现各国在气候变化减缓方面所做出的国家自主贡献目标（专题分析 3.1）。

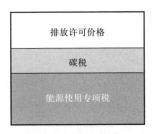

图 3.1　碳定价和能源消费税（OECD，2018）
碳定价可以通过碳税和碳排放交易来实现，也可以通过能源使用专项税间接体现

3.1.1　亚太地区碳税的背景

长期以来，经合组织（OECD）内的多个成员国，如加拿大、法国、爱尔兰、日本、葡萄牙、瑞士、英国、五个北欧国家及其他国家一直在使用碳税机制。《巴黎协定》签订后，一系

专题分析 3.1

世界各地区累计排放量概览 ❶

过去 20 年间，二氧化碳排放量迅速增加，在多数较大的亚洲国家中几乎翻了一番，使该区域的历史累计二氧化碳排放量显著增加（图 3.2）（Crippa et al.，2021）。一些发展中成员国现在的人均二氧化碳排放量已经超过了欧盟，尤其是马来西亚、蒙古和中国。与美国相比，哈萨克斯坦、帕劳和土库曼斯坦的人均排放量与美国相当，且更多国家和地区呈现出类似的上升趋势 ❷。岛屿小国和其他人均排放量不大的国家，可能会加强对海运部门的税收，而高收入国家则会开始征收碳税的实践（Radio New Zealand，2021）。

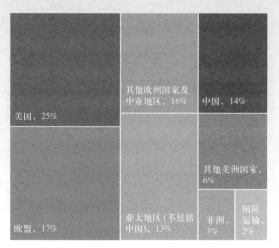

美国，25%

其他欧洲国家及中亚地区，16%

中国，14%

其他美洲国家，6%

欧盟，17%

亚太地区（不包括中国），13%

非洲，3%

国际运输，2%

图 3.2　世界各地区累计排放量占比

---

❶ 资料来源：Our World in Data，the Global Carbon Project.

❷ 澳大利亚、文莱、日本、新西兰、韩国、新加坡和中国台湾省台北市的人均二氧化碳排放量也超过了欧盟。

列新兴经济体也开始实施碳税机制，包括阿根廷、智利、哥伦比亚、墨西哥、新加坡、南非和乌克兰。在亚行的发展中成员国中，印度尼西亚通过立法引入了碳税（Cekindo，2022），而菲律宾（Villanueva，2021）、泰国（Chantanusornsiri，2021）和马来西亚（Yong，2021）等国也在积极探讨实施碳税的可能性。与此同时，中国、哈萨克斯坦和越南已经实施了碳排放交易体系。

　　碳税在行政管理上比采用碳排放交易体系进行碳定价更直接，特别是在那些已经对能源产品征收消费税的国家中。对燃料中的碳含量征税仅需对有限数量的能源产品进口商和生产商进行有效控制。碳排放交易体系经常要求免费发放大量配额，而碳税带来的财政收入可以用来缓解相关的挑战。税收可用于资助产生温室气体的能源、交通系统及土地利用实践的转型，同时为低收入群体和生物多样性保护提供支持。实践中广泛应用的一种税收再分配机制是为降低可能导致就业失衡及抑制经济增长的税种，如工资税与所得税。实际上，已实施碳税政策的政府倾向于结合本国国情及优先事项，采取多元化税收利用方式。

　　将碳税纳入调控宏观经济的一揽子财政措施中以支撑经济发展，通常是平衡各方利益、补偿弱势群体、最大限度地减少反对意见，并最终获得积极宏观经济影响的最佳途径。

　　当前乌克兰危机引发了世界能源市场价格高峰，在未来价格逐步恢复正常时，若政府具备相应的财政和立法准备，则可能成为实施碳税的契机。

3.1.2 碳税目标

3.1.2.1 碳减排承诺

碳税能够帮助缩小各国在《联合国气候变化框架公约》及《巴黎协定》下所做国家自主贡献中设定的温室气体减排目标与其按照常规发展趋势之间的差距。在第 26 届缔约方大会上，《格拉斯哥气候公约》呼吁各国重新审视并加强其国家自主贡献的目标，为深入探讨如何应用碳税提供了机会。当前各国的国家自主贡献碳减排目标，尚不足以确保 2030 年前实现将全球气温升幅控制在 2℃以内所需的碳减排力度。

多国实践经验表明，碳税能够有效抑制排放，从而证实了许多经济模拟所预测的结果。一项关于法国碳税的计量经济学研究显示，随着碳税税率的逐步提高，排放量随之下降，同时中小规模低碳企业的就业人数有所增加（Dussaux，2019）。

虽然一些大型碳密集型行业通过减少产量应对碳税，但总体上并未对国家经济增长或就业造成损害。对于其他欧洲国家和加拿大碳税实施后的研究也得出了类似结论（Andersen et al.，2009；Rivers et al.，2015）。此外，与依赖命令和控制、税收支出或直接补贴的政策工具相比，碳税提供了一条成本更低的碳减排途径。

碳税对碳减排的贡献取决于所覆盖的行业和适用的税率。不同国家为了实现国家自主贡献目标所需设定的碳税税率会有所不同，因为排放者的碳价敏感度会随使用的燃料和技术类型变化而变化。国际货币基金组织（IMF）的一项分析表明，25 美元 / 吨二氧化碳当量的税率足以实现中国的国家自主贡献目标，韩国需要 75 美元 / 吨二氧化碳当量的税率才能满足其国家自主贡献目标（IMF et al.，2021）。

然而，所有的碳税起始税率设定得较低，并通过逐步上调的方式给予排放者适应期。与全球逐渐变暖类似，逐步提高的碳税也将随时间推进，逐步改变并重构能源使用的经济模式。

3.1.2.2　财政政策和能源安全

碳定价的一大宏观经济特征是通过减少燃料进口和需求转向国内供应来缓解国际收支压力。此外，随着太阳能、风能和地热能等低碳能源取代进口化石燃料，许多国家将因此加强能源安全。

3.1.2.3　协同效应与碳排放交易

理论上，碳税和碳排放交易体系是同样有效的碳定价方法。碳排放交易体系限制总排放量但允许碳价波动，碳税则提供了一个固定的价格，但排放量的具体影响不太明确。然而，个体家庭和其他小型排放者难以直接纳入碳排放交易体系管理，因此成为碳税的实施对象。多个欧盟国家对其碳排放交易体系未涵盖的行业征收国内碳税，旨在设定与碳排放交易体系内碳价相呼应的碳税税率。碳配额价格和碳税之间的均衡关系传递了一致的价格信号，以实现整个经济的脱碳。此外，采用类似英国的做法，设立碳市场的最低限价，可以抵消碳市场价格频繁波动的问题。当碳排放配额的价格跌破预定阈值时，最低限价作为额外碳税启动，确保了碳排放的最低价格，为低碳转型的投资者提供了保障。

3.2 碳税实施分步指南

3.2.1 确定碳减排缺口和优先行业

根据最新的国家自主贡献，可以识别出该国总体碳减排目标与现状之间的差距，同时也能确定哪些行业对国家总排放量的贡献最为突出。此外，通过预测分析可以看出，在维持现状和无政府干预的情况下，哪些行业可能在未来继续保持排放量的增长态势。日益增长的交通运输需求刺激了机动车燃料需求的大幅攀升，这使得交通运输业常常成为导致过度排放问题最为关键的行业。

其他有可能征收碳税的行业包括发电、工业及家庭供暖与制冷。在这些行业中，已有可替代化石燃料的清洁技术存在，但如果不对化石燃料产生的全球变暖和空气污染等外部成本负责，此类清洁技术就很难在市场上与化石燃料竞争。国家自主贡献可以进一步扩展至对各行业碳减排成本的相对估算，这对于模拟碳定价所带来的经济影响是非常有用的信息（图 3.3）。

3.2.2 确定征税的温室气体

除二氧化碳外，还有其他温室气体需要注意，例如来自垃圾填埋场和畜牧业产生的甲烷，以及农业和林业中使用的化肥产生的氮氧化物。工业含氟温室气体——氢氟碳化合物、全氟化碳和六氟化硫具有很大的全球变暖潜力，尽管其使用者很少，但其所产生的气候变暖效应相当于二氧化碳，因此在某些国家中对于碳定价具有重要意义。可通过使用全球变暖潜能系数（图 3.4）来

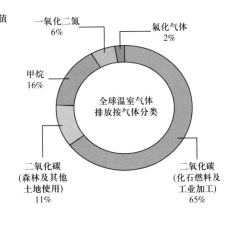

温室气体	分子式	100年全球升温潜能值
二氧化碳	CO_2	1
甲烷	CH_4	25
一氧化二氮	N_2O	298
六氟化硫	SF_6	22800
氢氟烃-23	CHF_3	14800
氢氟烃-32	CH_2F_2	675
全氟甲烷	CF_4	7390
六氟乙烷	C_2F_6	12200
八氟丙烷	C_3F_8	8830
十氟丁烷	C_4F_{10}	8860
八氟环丁烷	$c-C_4F_8$	10300
全氟正戊烷	C_5F_{12}	13300
全氟己烷	C_6F_{14}	9300

图 3.3　温室气体的 100 年全球升温潜能值
饼状图中所示温室气体排放占比以二氧化碳当量计算
资料来源：《联合国气候变化框架公约》

确定除二氧化碳以外的温室气体排放的税率，以反映它们与二氧化碳相当的效应。

　　采用所谓的燃料方法对二氧化碳及其当量征税时，化石燃料和生物燃料的所有进口商和生产商必须向国家税务机关登记（UN，2001）。这一要求同样适用于工业含氟温室气体的进口商和生产商。碳税法必须规定所有这些实体每月或每季度向税务机关报告燃料或进口、生产和销售的含氟温室气体量。根据《联合国气候变化框架公约》核算方法中的排放系数计算出相应的排放量，从而减少对昂贵的监测设备的需求❶。然而，对于部分排放源，需要采取直接排放法作为税收依据（表 3.1 和表 3.2）。例如，

---

❶ 资料来源：United Nations Climate Change. IFI TWG—List of Methodologies. https：//unfccc.int/climateaction/sectoral-engagement/ifis-harmonization-of-standards-for-ghg-accounting/ifi-twg-listof-methodologies.

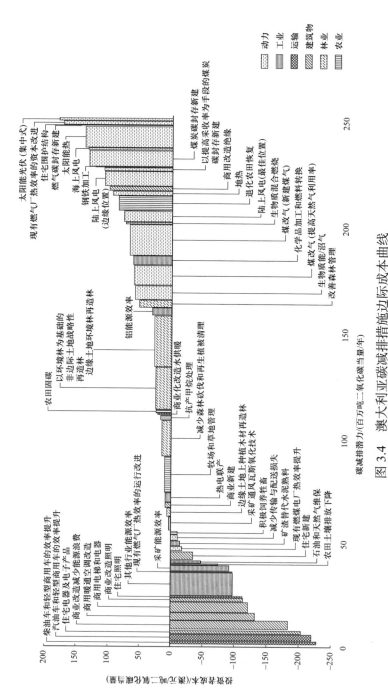

图 3.4 澳大利亚碳减排措施边际成本曲线

以最低成本减少相当于 249 吨二氧化碳当量排放的机会——仅涵盖为实现碳减排目标 2.49 亿吨 / 年所需的方式（即相对于 2000 年排放量减少 25% 的目标），不包括涉及显著生活方式改变或消费决策、业务 / 活动结构变化以及具有高度投机性或技术不确定性的方式

资料来源：Climate Works Foundation

某些工业过程（如矿物加工等）产生的非燃料排放通常很大，需要由各个企业单独报告。

表 3.1 碳排放征税：燃料法（UN，2001）

1. 税基	→	燃料
2. 税率	→	适用于不同的燃料
3. 征税事件 / 监管环节	→	在整个价值链中均适用
4. 管理	→	通常情况下由现行的消费税管理
5. 覆盖范围	→	通常是主要的燃料源
6. 税率计算方法	→	取决于碳含量，一些地区依据碳含量征税，而其他地区则基于价值链进行征税
7. 税率呈现方式	→	按体积或质量单位
8. 计算纳税义务总额	→	根据总燃料使用量 / 消耗量
9. 特殊考虑	→	不同的燃料品质和生物燃料混合物

表 3.2 碳排放征税：直接排放法（UN，2001）

1. 税基	→	排放量
2. 税率	→	应用于排放量
3. 征税事件 / 监管环节	→	在排放源方面，需要定义设施标准
4. 管理	→	需要新的监测、报告、核查管理
5. 覆盖范围	→	通常为大型设施
6. 税率计算方法	→	取决于碳含量，一些地区依据碳含量征税，而其他地区则基于价值链进行征税
7. 税率呈现方式	→	按体积或质量单位
8. 计算纳税义务总额	→	根据总燃料使用量 / 消耗量
9. 特殊考虑	→	不同的燃料品质和生物燃料混合物

3.2.3 评估特定燃料的影响及碳泄漏的风险

采用燃料法征收碳排放税时，由于煤炭和重质燃油的碳含量高，其成本将增加，而汽油、柴油和天然气受到的影响较小。采用直接排放法征税时，使用煤炭和重质燃油的工业部门受影响最大（专题分析 3.2）。生物燃料的碳含量可以通过生命周期评估确定（Bird et al.，2013）。从管理上来说，获取用于能源生产的所有国内生物质流可能具有挑战性，但应确保涵盖主要排放源。对电力生产的碳税征收既可以针对所使用的燃料，也可以针对它们所产生的排放，这种方式将会赋予太阳能和风能等低碳可再生能源竞争优势。若按每千瓦时用电量向电力终端用户征税，则无法恰当地对此进行区分。

当进口商和生产商通过产品价格将碳税成本转嫁给消费者时，市场价格会有利于低碳技术。然而，在面临国际贸易竞争的能源密集型产业中，碳泄漏的风险随之产生。碳泄漏是指在实施碳定价国家中的生产商因其他国家未实行碳定价而失去市场份额的情况。钢铁、铝业、水泥和石灰、纸浆和造纸、基础化工和石油炼制六个关键行业值得关注。在工业基础发达的国家中，尽管这六大行业的产值仅占国内生产总值的几个百分点，但其排放量却可能轻易占据所有工业排放的一半左右。因此，完全免除这些行业的碳税将会把巨大的碳减排负担转移到其他行业。因此，必须寻找合理的方法将这些排放者纳入碳税方案之中。由于这些行业产品价值与质量的比率不同，这些行业的可贸易性并不平等，例如，水泥的可贸易性远不如钢铁。此外，由于渔业船队燃料在经营成本中占比极高，因此也面临较大风险。

专题分析 3.2

排放因子[1]

能源产品的消费税通常按照质量或体积计征，但碳税需要按照二氧化碳排放量设定。欧盟委员会实施条例 2018/2066 号附件六提供了关于温室气体排放监测和报告的表格，其中包含了大多数化石燃料和生物燃料的二氧化碳排放因子[2]（表 3.3）。该资料来源还提供了其他类型排放的二氧化碳当量系数，如矿物工艺过程产生的排放。所有排放因子均按照政府间气候变化专门委员会的指导原则制定。

表 3.3 对应净热值的燃料排放因子

燃料类型说明	排放因子 /（吨二氧化碳/兆焦）	净热值 /（兆焦/千吨）	资料来源
原油	73.3	42.3	《政府间气候变化专门委员会指南 2006》
奥利乳化油	77.0	27.5	《政府间气候变化专门委员会指南 2006》
液化天然气	64.2	44.2	《政府间气候变化专门委员会指南 2006》

---

[1] 资料来源：欧盟委员会。

[2] 资料来源：EUR-Lex. Commission Implementing Regulation（EU）2018/2066 of 19 December 2018 on the Monitoring and Reporting of Greenhouse Gas Emissions Pursuant to Directive 2003/87/EC of the European Parliament and of the Council and Amending Commission Regulation（EU）No. 601/2012（Text with EEA Relevance）. https://eur-lex.europa.eu/legal-content/en/TXT/？uri=CELEX%3A32018R2066.

续表

燃料类型说明	排放因子 /（吨二氧化碳 / 兆焦）	净热值 /（兆焦 / 千吨）	资料来源
汽油	69.3	44.3	《政府间气候变化专门委员会指南 2006》
煤油（航空煤油除外）	71.9	43.8	《政府间气候变化专门委员会指南 2006》
页岩油	73.3	38.1	《政府间气候变化专门委员会指南 2006》
汽柴油	74.1	43.0	《政府间气候变化专门委员会指南 2006》
残渣燃料油	77.4	40.4	《政府间气候变化专门委员会指南 2006》
液化石油气	63.1	47.3	《政府间气候变化专门委员会指南 2006》

3.2.4 评估碳配额发放的影响

碳税对低收入群体的影响是一项重要的挑战。贫困家庭通常无力负担改善家居设备或车辆以提高燃料效率的升级费用。然而，研究表明，在多数中等收入国家碳定价具有累进效应，对高收入家庭的惩罚更大，因为能源使用和汽车拥有量会随着收入的增加而增加（Dorband et al.，2019）。但值得注意的是，城市与农村家庭在能源支出模式上存在差异（Koh et al.，2021）。城市家庭在交通方面的支出更高，且相比于农村家庭，他们较少有机会使用生物质燃料。已有研究探索了这一城乡差距，发现除非通过收入再分配机制对其进行补偿，否则发展中国家的城市贫困人群将在碳定价政策下遭受损失。鉴于最低收入阶层的收入水平较为微薄，且受碳税影响的幅度仅为几个百分点，因此通过有针对性的援助措施来抵消他们的负担在财务上是可行的。然而，实际操作中可能难以触及所有的低收入家庭，特别是那些生活在贫困线以下的家庭。下面将进一步探讨减轻碳税对低收入家庭影响的可能策略。

3.2.5　校准碳税税率

原则上，碳税税率应对不同能源产品和部门的单位碳排放量保持统一，即使在最初阶段未能如此，也应该在不久之后尽快实现。从一个初始的适度税率开始逐步提高碳税，可以给排放者调整的时间，有助于克服政治阻力，并促进碳减排方案的学习与采纳。为了避免税收缩水，碳税立法必须要求碳税税率应基于消费者价格指数自动进行年度调整。国际货币基金组织认为，为了达成《巴黎协定》限制全球升温不超过 2℃的目标，到 2030 年，低收入新兴经济体应设定 25 美元 / 吨二氧化碳当量的税率，中等收入新兴经济体适宜设定为 50 美元 / 吨二氧化碳当量，而对于发达经济体则建议设定为 75 美元 / 吨二氧化碳当量（Parry et al., 2021）。由于新兴经济体的购买力和劳动力成本不同，碳税税率无须达到某些经合组织国家的水平。综合能源部门和经济建模可以帮助确定实现国家自主贡献碳减排目标所需的碳税税率（专题分析 3.3）。

专题分析 3.3

丹麦利用碳税缩小碳减排缺口 ❶

丹麦在 2022 年开始推行绿色税收改革，计划逐步提高碳税税率，到 2030 年实现 100 欧元 / 吨二氧化碳当量的税额。此外，针对参与碳排放交易体系的企业，还将设立补充性的碳价底线。碳税税率的提升旨在消除工商领域的碳减排缺口，只要农业部门也能完成其碳减排目标，丹麦就有望实现到 2030 年相较于 1990 年碳减排 70% 的国家目标。丹麦能源使用产生的二氧化碳排放趋势如图 3.5 所示。

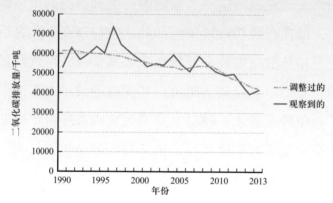

图 3.5　丹麦能源使用产生的二氧化碳排放趋势

此类模型需要对行为响应做出假设。相较于依赖缺乏细分数据的简化版一般均衡模型，使用或开发基于时间序列数据的计量经济学能源部门模型更为可取（Soocheol et al.，2012）。

---

❶ 资料来源：Danish Energy Agency. https：//ens.dk/en/press/danish-carbon-emissions-continue-drop；and https：//www.cepweb.org/denmarks-green-tax-reform-g20-countries-should-take-notice/.

3.2.6　确定碳税减免的范围

能源产品的市场价格差异很大，其交易价格往往与其内在的能源价值和碳含量有所偏离。统一的碳税对煤炭价格的影响比对其他能源的影响更大（表 3.4）。这对于严重依赖煤炭的企业，如水泥和钢铁制造企业具有重要影响。为避免完全免税，可在碳税制度中采取多种方法保持激励机制。部分拉丁美洲国家允许大型排放企业使用在自愿碳市场购买的碳抵消额度来履行其部分纳税义务。

部分欧洲国家选择降低税率，为排放密集型行业提供统一的税率减免，或在给予一定的免费基本排放额度基础上，仅对超过该额度的边际排放征税。

减少纳税义务构成了国家援助，根据欧盟关于环境保护国家援助的指导方针，除非与政府签订具有约束力的协议，确保碳减排量能达到全额税收 20% 税率所能实现的碳减排效果，否则减税幅度不能超过 80%。任何此类税收减免都有期限限制，最长不超过 10 年，并且每年都会受到审查。根据欧盟法规（EUR-Lex，2003），能源密集型行业是指购买能源产品金额占其产值比例至少为 3% 的实体。因此，对外贸依存度高的能源密集型行业通常会被允许逐步分期实施全额碳税。

水泥行业因其熟料生产对煤炭的高度依赖，经常争取碳税豁免权。水泥是能源密集型行业，但由于运输成本相对于其价值较高，一般仅在当地消费，对外部竞争的敏感度相对较低

表 3.4 到 2030 年每吨二氧化碳当量征收 50 美元的碳税对能源价格的影响

国家	煤		天然气		电		汽油	
	基线价格 / （美元 / 千兆焦）	价格上涨 / %	基线价格 / （美元 / 千兆焦）	价格上涨 / %	基线价格 / [美元 / （千瓦·时）]	价格上涨 / %	基线价格 / （美元 / 升）	价格上涨 / %
阿根廷	2.9	172	3.7	86	0.08	18	1.14	13
澳大利亚	3.4	154	7.9	37	0.12	25	1.13	12
巴西	4.4	122	9.2	34	0.07	7	1.23	8
加拿大	2.6	209	4.2	69	0.08	10	1.14	11
中国	4.4	114	10.5	25	0.05	46	1.13	12
法国	6.2	94	15.8	18	0.13	2	1.77	9
德国	5.8	91	12.4	23	0.17	9	1.74	8
印度	5.0	99	3.5	98	0.06	47	1.12	12
印度尼西亚	2.7	187	5.7	44	0.08	57	0.45	31
意大利	4.6	116	15.4	24	0.12	11	1.90	8
日本	3.7	132	11.1	24	0.12	24	1.37	10
墨西哥	1.8	284	3.0	91	0.09	26	0.97	14

续表

国家	煤		天然气		电		汽油	
	基线价格 /（美元 / 千兆焦）	价格上涨 / %	基线价格 /（美元 / 千兆焦）	价格上涨 / %	基线价格 / [美元 /（千瓦·时）]	价格上涨 / %	基线价格 /（美元 / 升）	价格上涨 / %
俄罗斯	2.2	209	2.7	95	0.08	36	0.73	18
沙特阿拉伯			3.9	69	0.10	33	0.27	45
南非	1.6	285	3.7	62	0.05	66	1.16	10
韩国	4.7	103	11.4	25	0.08	37	1.46	8
土耳其	1.4	421	7.6	41	0.06	59	1.40	10
英国	6.9	74	11.5	27	0.12	9	1.72	8
美国	2.4	220	4.4	69	0.07	23	0.83	16
平均	3.7	171	7.8	51	0.11	39	1.19	14

注：基线价格为 2018 年的价格。

资料来源：国际货币基金组织。

（Fitz Gerald et al.，2009）。鉴于生产一吨水泥大约会产生一吨二氧化碳的显著排放量，提供经济刺激以减少排放显得尤为重要，这可能会鼓励建筑行业寻找替代混凝土的其他建筑材料。

只有可持续生物燃料才应该获得全额碳税减免待遇，而由废弃物和非食品类第二代纤维素材料制成的生物燃料，在其前序使用阶段已支付了碳税的情况下，也可以获得全额豁免。

3.2.7　确定对低收入家庭的补偿措施

印度某统计研究所的一项研究表明，除用于家庭照明和烹饪的煤油外，燃料税对富人造成的相对负担要高于穷人（Datta，2010）。通过将碳税部分收入循环用于对贫困家庭的定向补偿，可以确保在减轻贫困家庭负担的同时，继续保持激励机制，减少碳密集型燃料的消耗。税务专家建议通过年度纳税申报程序，发放针对低收入家庭的定向税收抵免，使被认定为低收入的家庭能够获得与应付税款相抵扣的、有保障且与收入水平挂钩的税收优惠作为"绿色奖金"（OECD，2002）。

除了通过年度报税程序向低收入和贫困家庭提供税收抵免外，还有其他选项可供考虑。例如，针对自给农民（subsistence farmers）等低收入群体，可以选择直接现金补助或实物补助的方式，如提供医疗保健、教育、社会保障或公共基础设施（包括公共交通服务）。部分国家采用阶梯电价制度，允许一定额度内的电力消费享受优惠价格。但这意味着所有消费者都能从中受益，而不仅仅是低收入家庭，因此作为补偿手段成本较高。

拉丁美洲的研究表明，普遍性补贴政策实际上大大提高了对最贫困 1/5 人口进行补偿的成本。相反，由于贫困家庭在交通和取暖方面消耗的化石燃料较少，只需将碳税收入的小部分（8%～10%）用于补偿最底层的贫困和弱势家庭即可（Feng et al.，2018）。现金补助相较于其他补偿方式拥有更低的交易成本优势。国际货币基金组织曾提出针对特定国家实施现金补助以补偿碳税的建议（Alonso et al.，2022）。

3.2.8　评估宏观经济影响

碳税与简单提高能源价格的不同之处在于，其全部收入保留在国内经济体系内。经济学文献中的主流观点认为，碳税的收益应循环用于降低所得税和工资税，同时实现税收中性（Tol et al.，2008；Keseljevic et al.，2015；Pereira et al.，2016）。这种做法在刺激就业的同时，也为提高能源效率和推广低碳能源提供了激励（Barker et al.，2009）。研究表明，相比减少增值税或资本税，碳税回收再利用的方案在很多情况下表现得更为优越，也优于通过将税收收入归入一般预算从而变相增加总体税负的方式（Seixas et al.，2017）。对就业的进一步刺激来自将需求从进口燃料转向国内供应，从而缓解国际收支压力。然而，是否能从碳税中获得长期经济增长的双重红利（即环境改善与经济增长双赢）取决于具体情况和再分配机制的具体细节（Pearce，1991；Goulder，1995；Jaeger，2012）。碳税不仅直接影响家庭的生活成本和企业的要素成本，还会间接导致包括食品在内的众多其他商品成本上

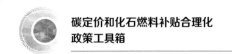

升。因此，在家庭和企业之间平衡税收再分配机制需要谨慎。

在某些经合组织国家，通过降低所得税来支持家庭，通过减少雇主支付的工资税来帮助企业。而在新兴和发展中国家，需要考虑更多措施以确保公平过渡。例如，对于不缴纳所得税的贫困人口，可以直接提供电气化的支持，帮助他们从使用煤油和柴薪转向清洁能源。使用过时和低效技术的能源密集型企业，可以从投资税收抵免和技术咨询服务中获益。将碳税收入的 10%～20% 专门用于资助工业界实施低碳技术，可以加快产业转型进程（Andersen，2010）。此外，碳税收入还可用于资助研发项目，以开发新型绿色技术，并加强大学与企业间在科研方面的合作。宏观经济模型可以预测不同收入回收机制的影响，从而指导政策制定者选择最有效的策略。

环保主义者经常主张，碳税收入应当专门用于应对气候变化的措施。专用款项可能导致公共预算过于僵化，并且在许多情况下并不被允许。大多数设有碳税的经合组织国家会选择将这笔收入列入一般预算中（表 3.5）。即使碳税收入最终进入了一般预算，仍然有可能通过预算安排，为气候变迁的减缓工作拨款，或者设立专项资金进行分配。

3.2.9　确定机构监管

环境主管部门通常负责制定国家自主贡献，并且在少数国家中，鉴于其掌握着企业排放数据的优势，也开始承担起管理碳税征收的责任。然而，环境主管部门通常不具备税务部门多年来积累起来的合规性审查和执法程序的专业能力。成功的碳税制度建立需要环境部门与税务部门之间的建设性协作。

表 3.5　经合组织国家碳税收入使用情况

国家	环保开支 /%	收入再循环 /%	总预算 /%
加拿大	10	90	0
智利	0	0	100
丹麦	0	0	100
芬兰	0	0	100
法国	27	0	73
冰岛	0	0	100
爱尔兰	0	0	100
日本	100	0	0
挪威	0	0	100
葡萄牙	36	0	64
斯洛文尼亚	0	0	100
瑞典	0	0	100
瑞士	26	74	0
英国	0	0	100

在任何碳税体系中，税务机关应扮演核心角色，但环境管理部门也可提供支持，例如提供关于间接排放、废物行业、工业氟气体以及国内油气田燃烧排放的相关数据。当对化石燃料在进口或生产环节征税时，企业无须为了税务报告其化石燃料使用数据。碳税分期缴纳的时间安排可以参照其他常规税收程序（如增

值税），以确保企业有足够的现金流应对商业周期波动。报告程序还应与环境主管部门协调一致，因为环境管理部门在编制国家自主贡献所需的排放清单时也需要同样的数据。强烈建议采用数字化记账和申报方式。未能登记和报告的情况应受有关常规逃税行为合规机制的约束。

3.2.10　建立事后评估监测机制

为了更好地理解碳税如何影响家庭和企业，建议构建一个事后评估框架。该框架将明确数据需求和数据收集的责任归属，并为此配置充足的资源。在实施碳税之前，需要确保获取按行业细分的基线排放数据。

3.2.11　咨询利益相关方

绿色税收委员会通常由来自不同政府部门、研究机构和大学的专家组成，在碳税制定过程中为政府提供有力支持。这类委员会能够很好地与各利益相关方沟通协商，理解他们的碳减排选择，并准备经济建模研究，模拟碳税对排放、易受冲击的家庭和行业的影响，同时提供权威的宏观经济影响预测。完成这些任务需要至少1～2年。鉴于遏制温室气体排放的紧迫性和突然引入碳税可能导致的潜在混乱，新加坡提供了值得借鉴的良好范例（图3.6）。新加坡在推出碳税时设定了初步税率，同时等待委员会审议2030年前逐步提高税率的轨迹，以及对适当补偿机制的建议。除经济和法律咨询外，此类委员会还需要在低碳技术及行为响应等方面的专业知识。

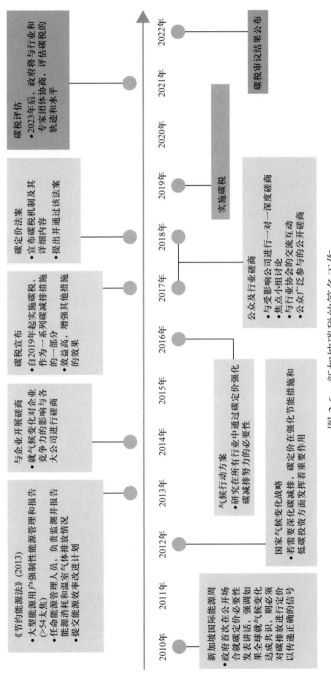

图 3.6 新加坡碳税的筹备工作
资料来源：国家气候变化秘书处

3.3 新兴经济体现有碳税制度的经验教训

若干国家在碳税方面的实践经验值得深入研究。

2022 年，乌拉圭对其原有的消费税进行了改革，将税率严格与碳含量挂钩（Twidale，2022；Sartori，2021；Surtidores.uy，2022）。该国实施的 127 美元 / 吨二氧化碳当量的碳税主要针对机动车燃料。由于乌拉圭的电力几乎完全来自可再生能源，因此此次税收调整并未导致总体税收负担增加。碳税收入继续汇入一般预算，这部分收入将用来承担实现国家自主贡献目标的相关成本。

2017 年，哥伦比亚对化石燃料征收碳税，税率为每吨二氧化碳 5 美元，预期该税收将为其国家自主贡献目标提供 7% 的支持（Pinzón Téllez，2019；Fonseca-Gómez，2018）。碳税收入纳入一个国家基金，主要用于支持农村和环保项目。企业可以通过自愿碳市场购买碳减排证书来抵消其碳税负债，其中大部分证书来源于旨在减缓森林砍伐和保护生物多样性的林业项目。这一抵消选择受大型排放企业的欢迎，但也大幅减少了该基金的收入来源。

2019 年，南非对化石燃料实施了碳税，税率为 9 美元 / 吨二氧化碳当量。作为全球对煤炭依赖程度较高的经济体之一，该国在初期阶段对发电厂和工业部门给予了减税和免税待遇。碳税直接向排放者征收，对工业领域的排放量征收 40% 的碳税，但排放者可以通过在自愿市场上购买碳信用额进一步减少 10% 的纳税义务。除此之外，还有多种附加扣除条款：对工艺排放和逸散排放可扣除 10%，对贸易敏感行业可扣除 10%，对排放强度较低的企业可扣除 5%。预计南非的碳税税率将以每年至少 1 美元 / 吨二氧化碳当量的增速逐步提高，到 2030 年达到 30 美元 / 吨二氧化碳当量 ❶（Steenkamp，2022）。

乌克兰自 2016 年起开始对碳排放征税，2019 年时税率达到 0.33 美元 / 吨二氧化碳当量。这项税收涵盖了所有固定排放源，包括发电厂、金属冶炼、化工和食品行业，但税率偏低，不足以激励能源节约或燃料结构调整。该碳税是环境税法的一部分，但由于缺乏恰当的会计程序，被认为在一定程度上造成了逃税现象。然而，根据一项详细的模型研究显示，若将碳税税率适度提高至 3.50 美元 / 吨二氧化碳当量，乌克兰的排放量有望下降 10%（Frey，2017；Breuing，2020）。

新加坡在 2019 年实施了碳税，初始税率为 3.6 美元 / 吨二氧化碳当量，并计划在 2024 年将其提高到 18 美元 / 吨二氧化碳当量，以期在 2030 年达到 36～58 美元 / 吨二氧化碳当量。这些税收收入将用于支持脱碳工作，并在向绿色经济转型期间为企业和家庭提供缓冲。自 2024 年起，企业可以提交高质量的国际碳信用额度，以抵消其最多 5% 的应税排放量。为确保排放密集型和贸易导向型公司在过渡期间有一个合适的框架，政府继续与相关利益方进行磋商（NCCS，2002）。

---

❶ Deloitte. What the New Carbon Tax Means for SA Industry. https：//www2.deloitte.com/za/en/pages/tax/articles/what-the-new-carbon-tax-means-for-SA-industry.html.

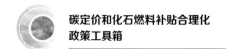

3.4　风险和关切

　　既能有效应对气候变化又具备财务稳健性的适宜政策，除了要求实行碳定价之外，还需终止化石燃料补贴。此外，针对机动车辆燃料，应征收足以覆盖道路建设和维护成本的消费税。

　　然而，如果补贴改革和增税措施推行过于迅速，以至于人们和企业无法及时做出调整，可能会引发不满情绪，进而引发燃料抗议活动（表3.6）。如果政府在多年无所作为之后，突然将多项良好意图合并为一次针对化石燃料的大幅提价，毫无准备的民众很可能会做出负面反应。大量历史事例表明，未经妥善准备的价格上涨或税收增加往往会导致暴乱，有时甚至酿成血腥冲突。

表 3.6　碳税政策进程

宣布旨在设定碳定价的政策意图
请专家确定碳税在碳减排战略中的作用
收集来自商界和工会关于政策影响的初步反馈
制定碳税的法律和制度框架
分析随时间推移的税率及其增长轨迹
确定对低收入家庭的影响及补偿机制
确定对能源密集型和贸易敏感行业的冲击
确定配套措施以确保顺利实施
开展公众咨询，包括关于收入再分配方案的讨论
同意并宣布碳税的实施日期

2021—2022 年冬天，哈萨克斯坦经历了因液化石油气（LPG）价格上限取消而引发的燃料抗议事件。在此之前，政府对汽车用液化石油气设置了价格上限，导致其售价远低于生产成本，甚至仅为某些邻国当地价格的一半，这极大地刺激了非法出口活动，并在国内造成了液化石油气的长期短缺。为了平息民众的抗议情绪，政府不得不重新恢复了液化石油气的价格上限（Kumenov et al.，2022）。

这种针对燃料价格上涨的反抗通常是由相对涨幅超过 30% 时触发的，而绝对涨幅的作用相对较小。在哈萨克斯坦，液化石油气价格翻倍，使得液化石油气的价格从 0.12 美元/升涨到了 0.24 美元/升。

一些专家建议，在发展中国家，出于大众心理因素的考量，燃油价格一次上涨不应超过终端用户价格的 10%（Metschies，1999）。相反，建议采取多次、定期且温和的价格上调措施，包括根据消费者价格指数进行年度调整。由于能源价格通常由国际市场决定，货币汇率波动会加大价格管理的复杂性。例如，西非经济货币联盟的 14 个国家曾经历本国货币贬值过半的情况，但通过逐步调整的方法，他们还是成功地逐步调整了燃料价格以适应新的汇率水平。

汇率和国际能源市场价格之间复杂的相互作用表明，在国际能源价格出现大幅波动时，应根据核心消费价格指数对消费税和碳税税率进行年度调整，这有助于平滑适应外部市场变化带来的影响，防止短期内能源价格变动对国内税收政策造成过度冲击，

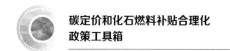

同时也确保了税收政策的相对稳定性和公平性。

3.5 欧盟碳边境调节机制

根据即将实施的碳边境调节机制（Carbon Border Adjustment Mechanism，CBAM），亚太地区向欧盟出口产品时，其在原产地所支付的碳定价费用将通过该机制获得退税（EUR-Lex，2021）。

自 2005 年以来，欧盟碳排放交易体系就已经对大型发电厂和工业企业的碳排放定价做了安排。自 2026 年开始，欧盟将进一步对销售至欧洲市场的产品征收相应的碳价。非欧盟国家生产的能源密集型产品，如铝、钢铁、水泥、化肥和电力，将被征收碳税。一旦解决了包括化学制品等更多行业在内的技术问题，该覆盖范围还将进一步扩大。2022 年，欧盟碳价在 65～98 欧元 / 吨二氧化碳当量之间波动。

3.5.1 理念

碳边境调节机制将使欧盟逐步取消对其贸易敏感行业的免费碳排放配额。随着时间推进，越来越多的年度配额将通过拍卖方式进行分配，这将提高碳排放成本，从而强化了开发和采用基于低碳能源的清洁技术的必要性。能源密集型行业的企业依据各自所在行业中最优能效的那部分企业（即前 10% 的顶尖企业）设定的标准来获取免费碳排放配额。在行业层面，碳边境调节机制促成了一种转变，即从大约一半的排放量由免费配额分配转变为到

2036 年全面实施拍卖制度。

3.5.2　机制

碳边境调节机制于 2023 年开始运行，首批付款将于 2026 年进行。欧洲市场的供应商应申报其二氧化碳排放量，并购买与其产品所含排放量份额相对应的排放证书（图 3.7）。证书的价格将反映欧盟内部的碳价水平。申报信息将接受核实检查。如果生产商无法申报其实际排放量，将采用默认值，该默认值对应于所涉商品及其所在国家的平均排放强度。如果各国不能提供可靠的数据，默认值将参照欧盟内同类设施中排在后 10% 的较差表现者的排放水平来确定。

涉及碳边境调节机制商品的欧盟进口商需在国家主管机关进行注册，同时他们也可在此处购买碳边境调节机制证书。这些证书的价格参照欧盟碳排放交易体系每周的配额进行定价

欧盟进口商须申报其进口货物中所包含的排放量，并每年上缴相应数量的证书

如果进口商能够证明在进口商品生产过程中已经支付了碳价，则相应金额可以被扣除

图 3.7　欧盟碳边境调节机制
资料来源：欧盟委员会

若非欧盟成员国的供应商在其原产国已支付了碳价，无论是通过碳税形式还是购买碳排放配额，这些已支付的费用均可用于抵扣其在欧盟进口时需持有与产品所含排放量对应的排放证书的

要求。然而，基于不同于碳排放基础征收的消费税和其他税费则不具备抵扣资格，同时，原产国提供的任何与出口相关的退税或补偿款项都会在抵扣计算中予以扣除。

3.5.3　启示

通过实施碳边境调节机制，欧盟的目标是在尊重世界贸易组织规则的同时，在一个高标准且公平的竞争环境中加强碳减排措施。因此，对于欧盟出口至欧盟以外的产品，欧盟将不会退还已征收的碳税，因为这将危及碳边境调节机制与世界贸易组织的一致性。碳边境调节机制产生的收入将用于支持碳减排措施的实施。根据《联合国气候变化框架公约》规定的"共同但有区别的责任"原则，欧盟计划将部分碳边境调节机制收入循环利用，以支持最不发达国家的适应和碳减排工作。

由于印度和中国都有大量受影响行业对欧盟出口产品，当碳证书价格为80欧元/吨二氧化碳当量时，煤炭的使用成本将最高增加190%。相比之下，由于天然气的碳含量较低，其能源成本相对于2021年的国内市场价格将最多增加110%。然而，随着相关行业在2036年前逐步取消免费配额，碳证书价格将逐步提高到全额税率。中国的企业可能在国家碳排放交易体系下获得碳排放配额支付的减免，而印度企业除非税收基础明确指向碳含量，否则将无法扣除其煤炭税支付。碳边境调节机制适用于从欧盟以外任何地方进口的商品，可能对最不发达国家有一些豁免（图3.8）。

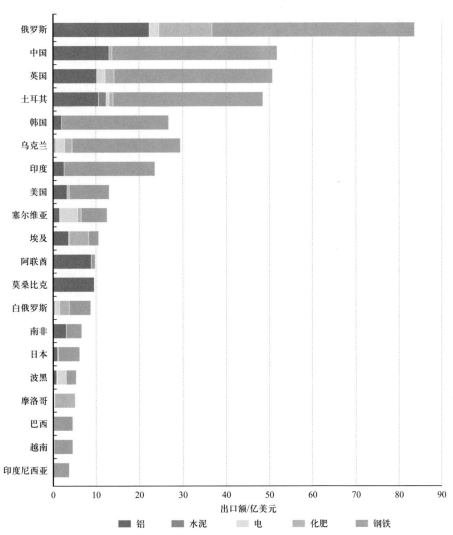

图 3.8　2020 年向欧盟出口碳边境调节机制商品的前 20 大出口国
（Knoema.com，2021）

第4章 化石燃料补贴合理化 4

化石燃料补贴合理化（FFSR）的理论优势是众所周知的（图4.1）。然而，在实践中，政府在试图改革化石燃料补贴（FFSs）时会遇到来自政治、经济和社会领域的广泛障碍。这些障碍往往表现为遭到采掘、电力和能源密集型制造业关键利益集团的强烈反对，以及预期负面社会影响引发的抗议。

图4.1 化石燃料补贴合理化的理论优势

4.1　化石燃料补贴合理化分步指南的目标和宗旨

为了有效解决化石燃料补贴合理化的障碍，政府必须高瞻远瞩，巧妙应对，并在政府内部、关键利益相关方和社会公众中建立广泛的政治和社会共识，以利于合理化进程的推进。这份循序渐进的分步指南在编写过程中，也考虑到了亚行发展中成员国的政策制定者。该指南详细描述了一系列分析和实际步骤，有利于解决化石燃料合理化的政治挑战，并制定了一项可以成功并永久地消除化石燃料补贴的战略。该政策工具箱由一系列实施步骤构成，如图 4.2 所示。

4.2　化石燃料补贴合理化分步指南

化石燃料补贴合理化需要采取一个整体经济的方法，并仔细考虑各种潜在的不利影响，特别是对分配和竞争力方面造成的影响。因此，要认真做好基础工作，以防止政策反转，并为成功流程的设计提供信息和便利。收集和分析数据的准备阶段至关重要，因为关于化石燃料补贴的规模和缺点等信息缺失是化石燃料补贴合理化取得成功的主要障碍。

4.2.1　起草一份化石燃料补贴清单

公共财政治理的良好做法是提高政府支出的透明度，并产生尽可能多的数据和信息，为政府预算决策提供信息。这些有助于

增强公众对环境友好型和环境有害型支出以及包括化石燃料补贴
在内的其他政府行为的理解。

图 4.2　合理化战略的准备和战略设计步骤
（Beaton et al.，2013；Clements et al.，2013；OECD，2021）

起草一份化石燃料补贴清单可以引发辩论，提高对化石燃料补贴相对规模的认识。无论政府对化石燃料补贴合理化是否有具体的计划或承诺，编制化石燃料补贴清单对亚行所有发展中成员国来说，都是一项重要的工作，而且这通常是获得亚行气候变化政策贷款的关键的第一步。专题分析 4.1 描述了德国一年两次的补贴报告。

专题分析 4.1

德国政府援助和税收优惠报告 ❶

德国财政部自 1967 年以来一直报告国家援助和税收优惠，并随着时间的推移对报告进行微调和改进。如今，该报告包括对所有补贴进行的可持续性影响评估。报告将制度透明度带入公共领域，引发了辩论，并提高了人们对化石燃料补贴及其他措施相对金额的认识。在政府和议会审查现有补贴时，这是一个重要的信息来源。

政府制定了补贴政策指导方针，以防止新的补贴被锁定，并确保所有补贴都是有效的，有时间限制，并接受目标实现、效率和透明度方面的定期评估。

在起草清单时，发展中成员国面临的第一个挑战是定义化石燃料补贴。国际能源署（IEA）对能源补贴的定义是一个很好的起点。其定义是：能源补贴主要涉及能源行业或部门降低能源生产成本、提高能源生产者收到的价格或降低能源消费者支付的价格

---

❶ 资料来源：德国政府，联邦财政部。第 28 次补贴报告：2019—2022 年。https://www.bundesfinanzministerium.de/Content/EN/Standardartikel/Press_Room/Publications/Brochures/28-subvicty-report.pdf？ blob=publicationFile&v=2.

的任何政府行动（IEA，1999）。在这一定义中，政策制定者需要考虑以下几个关键点：一是该补贴可以补贴消费者，也可以补贴能源生产商；二是化石燃料补贴可适用于价值链的所有环节，从开采到消费；三是任何一种政府行为都可被视为补贴，不仅包括显性转移，也有隐性支持和风险转移。图4.3就很好地诠释了这种复杂性。

最初，政府可能侧重于特定类型的化石燃料补贴，在随后的迭代中扩大筛选过程的覆盖面和范围。特别是那些人力和技术能力稀缺的发展中成员国，把化石燃料补贴的重点放在已有数据的业务上是有帮助的，如预算报告中的转移或税收支出。这种方法将侧重于图4.3最下面两个圆圈所示的补贴类型，即直接预算转移和间接预算转移。在这两种类型中，侧重于政府资金的直接转移和税收放弃。发展中成员国政府应同时考虑消费者和生产者补贴，因为两者数额可能都很大。

初步清单应主要包括对公共预算负担影响最大和对气候、环境或人类健康造成最严重负面影响的补贴。在化石燃料价格受到监管的发展中成员国中，这意味着要看第三类补贴。例如诱导市场转移，通常来自直接价格监管、定价公式、边境管制或征税以及国内采购和供应管制（联合国环境规划署2019年报告附件3）。价格差距法可用于量化这些补贴❶。

---

❶ 为了生成各国之间关于化石燃料补贴的可比数据，国际货币基金组织和国际能源署都使用了价格差距法，将该国消费者支付的平均最终用户价格与反映完全供应成本的基准价格进行比较：化石燃料成本、其内部配送和各种增值税。概括起来就是下面这个公式：消费价格支持 =（单位基准价格 − 本地单位税后净价）× 单位补贴。详细解释参见国际能源署2022年报告和联合国环境规划署2019年报告的第38页。

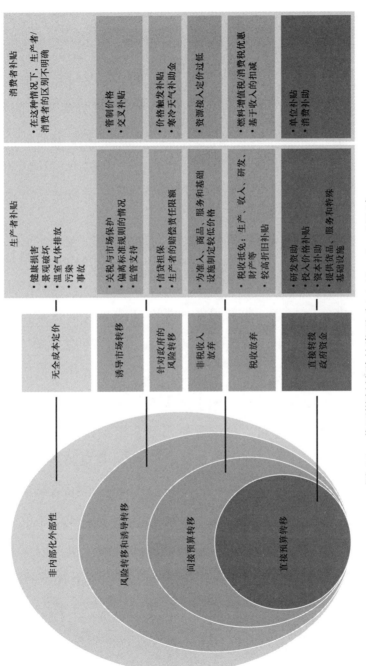

图 4.3 化石燃料补贴的类型（Adolf et al., 2014）

印度尼西亚在 20 国集团同行审议进程中关于化石燃料补贴的自愿自评价报告就是一个相对有限的方法实例。该报告确定了 12 项化石燃料补贴，包括 5 个直接预算转移支付和 7 个税收支出。虽然没有考虑优惠税收待遇或政府信贷援助等类型的补贴，但该报告是一个很好的开端，列出了 2016 年印度尼西亚价值为 90 亿美元的化石燃料补贴。在未来的迭代过程中，补贴的范围可以扩大，过程也可以微调，并且额外类型的补贴可以考虑增加进来。

从中期来看，政府应致力于建立一个全面的化石燃料补贴清单，这需要筛选法规、计划和政策，以确定图 4.3 所示的所有领域的补贴措施；起草一份有可能优先对待或惠及消费者或生产者的完整政府政策和计划清单。随后可以增加该列表的附加信息，包括补贴估计数、受益人、范围等。这种对政策和计划的彻底筛选有助于揭示预算外补贴。图中最大的一个圈子着眼于还没有内部化的外部性，这些可以从国际货币基金组织量化税后补贴的方法中获得参考信息（国际货币基金组织 2022 年度报告）。

经合组织支持措施矩阵（The OECD Matrix of Support Measures）为这项工作提供了有益的指导（附录 1）。负责完成清单的工作人员通常在财政部或经济部，一般与环境部合作，也可以借鉴经合组织化石燃料支持措施清单，作为每种转移机制下补贴的实例❶。

---

❶ 所使用的方法，包括支持机制和受益者相关术语，见经合组织报告（OECD Work on Support for Fossil Fuels，https：//www.oecd.org/fossil-fuels/methodology/.）。每种补贴的例子都可以在经合组织的数据库中找到。

补贴清单针对已确定的补贴应尽可能量化。直接转移支付量化补贴相对简单，因为这些数据很容易就可以直接在年度预算报表中获得。对于其他类型的补贴，需要衡量应用税率、管制价格、利率和已实现股本回报与其参考对应物之间的差异。联合国环境规划署关于衡量化石燃料补贴的指南可以为这一进程提供指导方法（联合国环境规划署 2019 年报告）。

为了最大限度地扩大编制化石燃料补贴清单形成的积极成果，发展中国家政府不妨获取国际支持（专题分析 4.2）。国际支持的获得既可以通过向所有国家开放的可持续发展目标 12 协同中心，也可以通过参与 20 国集团和亚太经济合作组织建立的化石燃料补贴自愿自评价报告和同行审查进程。为了给化石燃料补贴合理化的长期进程铺平道路，发展中成员国政府应该考虑每 2～3 年推出一次定期补贴报告，以达到维持对话、提高认识和增加透明度等目的。

4.2.2　分析化石燃料补贴的基础机制

一旦拟定了补贴清单，就有必要了解化石燃料补贴的基本机制。这有助于发展中成员国政府更清楚地了解补贴是如何运作和影响化石燃料价格的，并了解国际化石燃料价格在多大程度上传递给了消费者。然而，即使国际化石燃料价格在国内市场完全渗透，也并不意味着所有化石燃料补贴的合理化；对生产者和消费者的隐性和显性补贴，仍可能以折旧补贴、生产者税收抵免、基础设施准入制定较低价格或增值税优惠等形式存在。尽管如此，

专题分析 4.2

获得国际支持：可持续发展目标 12 协同中心和自愿同行审查 ❶

可持续发展目标（SDG）12 中的第三个子目标（12.C）呼吁各国"通过消除市场扭曲，使鼓励浪费性消费的低效化石燃料补贴趋于合理化"。可持续发展目标 12 协同中心推进机构间合作，支持所有国家努力简化实现可持续发展目标 12 的方法和进程。它旨在成为政府、企业、民间社会和公众跟踪和报告进展的一站式商店。该中心提供对数据、指导、能力建设和官方报告的直接许可，并促进进展、知识和解决方案等方面的共享。

亚太经合组织（APEC）和 20 国集团制定并实施了对化石燃料补贴自愿自评价报告的同行审查。在国际专家的支持下，各国两人一组，对彼此关于化石燃料补贴的自评价报告进行同行审查。亚行的发展中成员国印度尼西亚和菲律宾也参加了会议，印度计划与法国开展同行审查。参与国商定交流的具体目标，通常分享补贴清单和合理化方面的教训和经验。这一进程是一次重要的国内跨部门学习经验，并已成为促进知识交流和谋划改革能力建设的一种手段。同行审查为参与国政府提供了大量有用的建议，并参考了类似国家的最佳实践和成功案例。这一审查为化石燃料补贴清单的结构、实施以及所讨论措施的覆盖范围开创了一个先例。详细的经验教训参见经合组织 2022 年度报告。

---

❶ 资料来源：可持续发展目标 12 协同中心，https：//sdg12hub.org；OECD. 2022. Lessons Learnt and Good Practice from APEC-Economy Fossil-Fuel Subsidy Peer Reviews. OECD Environment Policy Paper. No. 29. Contribution by the OECD to the APEC Energy Working Group，July 2021. Paris：Organisation for Economic Co-operation and Development. https：//doi.org/10.1787/63ba96a5-en.

允许国际能源价格传递到国内市场是朝着正确方向迈出的重要一步，因为它创造了有利于更有效地使用化石燃料和燃料向低碳能源转型的价格信号。

发展中成员国政府可以按照表 4.1 中的化石燃料定价的四个维度来分析化石燃料补贴。回答左边一栏中的问题，可以清楚地了解化石燃料补贴在经济中是如何运作的，以及价格是如何受到它们的影响的。这些问题的答案将为筹备和随后的战略设计过程提供信息。

化石燃料补贴对经济、环境和社会会造成广泛的影响，要更深入地理解其中的原理，就需要确定补贴受益者并分析补贴范围。补贴范围指的是它所针对的生产或消费方面。因此，这一部分分析就要找出转移的对象和转移的目的。补贴范围可以指生产者补贴，也可以指消费者补贴。前者的例子包括降低劳动力、土地或自然资源成本的措施。两类补贴范围与化石燃料的直接消费有关，在发展中成员国中很常见。一是对单位消费成本的补贴，可以降低化石燃料最终用户的支付价格；二是降低家庭或企业随收入的变化而变化的能源购买成本，如生命线电价（联合国环境规划署 2019 年报告）。详细的指导可以参见附录 1，该附录显示了按照转移机制和补贴范围细分的经合组织支持措施矩阵。发展中成员国政府可以该矩阵作为分析工具。

这一步骤的目的是清楚地了解化石燃料支持措施的基本机制及其影响，化石燃料补贴对补贴受益人以及更广泛的经济、环境和社会的影响。为了研究化石燃料补贴福利在不同收入群体中的分布，有很多的工具可供发展中成员国政府利用。为此，致力于

表 4.1　化石燃料定价的四个维度（Beaton et al., 2013; GIZ, 2012, 2015）

	对发展中成员国的问题	解释
化石燃料价格管制	目前影响化石燃料价格的机制是什么？它们如何影响价格的？它们是否限制了向消费者传递价格波动	在发展中成员国中，化石燃料补贴通常采取价格管制的形式，或者通过临时价格管制。在这种情况下，价格被任意设定，传递受到积极限制，或者通过积极监管对传递递加限制，以消除全球价格波动。如果能源市场不受监管，而是自由化和竞争性的，价格上涨将转嫁给消费者
补贴及（或）税项水平	燃料价格补贴降低最终用户化石燃料价格的幅度有多大？补贴范围是多少，即它们针对生产或消费的哪个方面，化石燃料如何征税，征税到什么程度	政策制定者应试图理解化石燃料补贴的基础机制，价格传递给消费者的程度，以及它们在供应链中的范围。在存在化石燃料税的情况下，分析应利用国际货币基金组织关于税后补贴的数据或使用国际基准，确定税率的高低
透明度	能源价格的构成和监管在多大程度上是公平和透明的	最终，发展中成员国政府的目标应是化石燃料定价完全透明和去政治化，在公共领域提供燃料价格构成、定价机制和政府决策的数据。找出不是这种情况的地方，可以突显改革的优先事项
执行	能源定价在多大程度上受到监控、监督和执行	发展中成员国政府应致力于确保公平竞争，防止垄断造成能源价格上涨，防止供应商勾结，走私、黑市或燃料掺假是否是化石燃料补贴合理化期间应解决的问题

公平研究所（Commitment to Equity Institute，2022）和货币基金
组织提供了可公开获取的政策工具箱❶。

　　在分析过程中，政策制定者应分析化石燃料补贴的目标，并
评估其理念是否能够实现或是否有可取之处。这项工作并不简单，
因为那些直接成为目标并有资格通过化石燃料补贴获得支持的对
象，无论是工业部门还是社会弱势群体，都不一定是最终受益者。

　　如果一项特定补贴的最终理念与更广泛的公共政策目标一
致，如保护弱势社会群体，发展中成员国政府应设计替代措施并
引入适当的制度结构，以取得类似的效果，从而避免化石燃料补
贴所带来的气候、环境和健康的负面影响。如果补贴已经超出了
其基本逻辑，可能就不需要替代措施。

　　另外，为了尽量减少反对，建立共识，可能需要说服一些补
贴受益者支持化石燃料补贴合理化，特别是发电公司和采掘行业
这类强大的利益集团。解决这些强大利益群体的关切可能需要过
渡性缓解措施。专题分析 4.3 中的利益相关方图谱可以说明这些
措施是否有必要以及如何实现。

4.2.3　绘制利益相关方图谱并预测化石燃料补贴合理化措施的影响

　　化石燃料补贴合理化所带来的价格变化将产生许多经济和社
会影响，很好地理解这些影响可以有效降低政策反转的风险。

---

❶ 资料来源：关于货币基金组织分布范围分析工具及其方法介绍，见 https://www.
imf.org/external/pubs/ft/tnm/2016/tnm1607.pdf。该工具的 Excel 模板见 https://www.imf.
org/external/np/fad/subsidies/data/subsidiestemplate.xlsx。

专题分析 4.3

利益相关方图谱、咨询和参与
（Beaton et al.，2013；OECD，2021）

在预测影响时，有必要明确关键行为者或利益相关方，了解和评估他们的关切，使他们的投入从一开始就为化石燃料补贴合理化提供有益信息。制作利益相关方图谱是一项相对简单的工作，列出主要利益相关方并将其分类，根据关键变量（如利益、影响力、资源和重要性）之间的相互关系，并反映到矩阵中以便于比较。图谱绘制有助于精准确定改革的潜在支持者和反对者，并提供基于利益相关方角度的意见。它还可以增进对利益相关方利益和关切的复杂性的理解，毕竟这些利益和关切可能会随着时间的推移而变化，与不同变量之间的关系也会变化，并为获得各利益相关方群体的认同提供战略信息。

如果资源有限，可以从文献研究、媒体报道以及对商业组织和民间社会的采访中获得初步见解。理想情况下，改革者应该开展公开调查，通过线上、线下咨询，与特定工业部门或其他代表团体建立工作组，并举办研讨会或路演，以促进交流。

欲了解更多信息，请参见 Beaton 等（2013）编制的表 19。

化石燃料补贴合理化对家庭的影响取决于一系列因素，包括化石燃料补贴的类型、在家庭预算或特定部门中的重要性、化石燃料价格对其他商品和服务价格的影响程度、就业模式、经济结构以及补贴受益者。

对于工业领域，对国际竞争力的影响取决于贸易部门的能源强度、竞争国家能源价格的发展成熟度，以及企业通过替代、吸收、效率提高或价格传递做出反应的能力。对于争夺相同市场的国家，每个国家能源市场的自由化程度决定能源价格上涨带来的直接影响。如果国际能源价格在不同市场之间的传递是相似的，那么对生产成本的影响在不同国家之间也是相似的（OECD，2010）。

在收集相关证据时，尽可能地分解数据十分重要。例如，要弄清楚分配的影响，不仅需要分析家庭收入，还需要分析地理差异、家庭结构和交叉不平等等因素，以确保残疾、年龄、种族和性别等不平等的重叠维度都得以考虑。

政策制定者可以利用许多定性方法来预测化石燃料补贴合理化的影响。常规定性方法包括影响清单、文献综述、历史分析、化石燃料使用和影响的概念图谱绘制，并确定最依赖化石燃料的群体以及情景分析。在整个过程中基础准备和设计化石燃料补贴合理化，应针对利益相关方的分析、咨询和参与（专题分析 4.3）。

同时，政策制定者也可以使用定量工具来理解化石燃料补贴及其影响。这些定量工具包括使用收入和支出调查、投入产出表和社会核算矩阵等经济数据库开展简单分析。如果有足够的资源可用，建模工具可能有助于理解化石燃料补贴对财政、经济、环境和分配的影响，并预测化石燃料补贴合理化措施的影响。基于家庭和公司调查的微观模拟模型补充了可计算的一般均衡模型，两者组合可以更全面地反映改革随着时间的推移对家庭、经济和温室气体排放的影响，并预测生产者和消费者对化石燃料补贴合理化的行为反应。建模工具可用于将业务照常与一个或多个化石燃料补贴合理化情景的比较，提出预期的大趋势，突出哪些利益相关方将受到最大影响，并建议如何减轻他们的担忧 ❶。

4.2.4 起草一份化石燃料补贴合理化的优先清单

基于上述证据基础，发展中成员国政府的最后准备阶段是起草一份化石燃料补贴合理化可能措施短名单。这项工作的目的应该是根据补贴的经济、社会和环境影响的严重性，同时考虑到政治影响，对各类补贴进行排序。在这个阶段，政府应该确定哪些影响是可能和可行的，哪些影响出于政治经济原因必须减轻，以实现化石燃料补贴合理化。短名单的确定应借鉴最新的分析，并考虑以下关于化石燃料补贴的问题：

（1）预计成本：补贴对预算的影响是什么？

（2）扭曲：它如何通过价格、消费、生产和投资影响经济决策？

（3）环境危害：它如何影响气候、生物多样性、空气、水和土壤质量？

（4）社会影响：它的健康成本及对公平和福利的影响？

（5）有效性和补贴范围：补贴是否满足了目标？预期受益人

---

❶ 经合组织 2021 年度报告的第 2 部分为使用定量和定性工具为化石燃料补贴合理化设计提供了非常有用和详细的指南。

真的受益了吗？同样的目标能以对环境危害较小的方式实现吗？

（6）减轻影响：哪些影响可以而且应该减轻？

（7）政治考虑：如何才能就具体补贴的合理化达成共识并获得政治认可？

分析化石燃料补贴影响的一个有效且富有启示的方法是将化石燃料补贴与参考财政制度和（或）其他基准进行比较，并利用两者之间的差异对化石燃料补贴进行不同维度的排名（经合组织2021 年度报告第 2.4 部分）。发展中成员国还可能希望将不同维度（如生产、投资、消费、环境和福利影响）上可能的缓解措施与没有缓解措施的参考案例进行比较。

在化石燃料补贴合理化进程中，政府或将无法减轻价格变化带来的所有影响，政府也不应该试图缓解所有的影响，因为化石燃料补贴合理化进程一般倾向于提高化石燃料价格，并期待消费者对更高的价格做出行为反应。因此，有必要优先考虑减轻影响，并考虑以下几个因素：为了改革成功，哪些利益相关方必须参与；哪些弱势社会群体必须基于社会正义的原因得到保护；为了达成共识，可以实施哪些具体的缓解措施。

一旦对化石燃料补贴合理化的替代方法进行了评估和排序，就应该提出最可行和最可取的方案，以做进一步的协商，并有可能进入后续战略设计阶段。如果此时无法在不造成严重经济或社会破坏的情况下使特定的化石燃料补贴合理化，或者如果缓解措施不太可能有效，则应优先考虑其他化石燃料补贴。

4.2.5　化石燃料补贴合理化的战略设计

战略设计考虑不像上述准备阶段那样遵循线性路径，可以同步进行。因此，发展中成员国政府可以选择为化石燃料补贴合理化制定一项战略。在该战略中，机制构建与设计过程的其他要素并行进行，或者根据其他政治和监管发展来安排他们的战略设计方法。尽管如此，理想状态下，要完成战略设计阶段的所有步骤，以最大限度地发挥合理化的潜力，取得长期成功。

4.2.5.1　机制构建

（1）化石燃料定价去政治化。能源价格监管助长了化石燃料价格高度政治化的氛围。即使在能源价格完全自由化的国家，化石燃料补贴也会影响政治话语，因为每当讨论化石燃料补贴合理化时，既得利益集团群体都会寻求捍卫自身的利益。当政治机会出现时，政治对手可能会利用价格控制和化石燃料补贴对政治施加强大的影响。因此，价格上涨和化石燃料补贴合理化的努力往往会遭到政治上的反对和抗议，有时还会导致政策反转。因此，化石燃料补贴合理化进程中的一个关键步骤就是采取措施，不给政府为实现政治目的操纵化石燃料价格的能力。这一考虑在能源价格监管的情况下尤其关键，这是发展中成员国中化石燃料补贴的常见形式。

如果保留化石燃料的定价机制，那应该是完全自动化的机制，完全由独立的监管机构决定，确保没有政治家的参与。例如，加纳的化石燃料补贴合理化得到了新成立的国家石油管理局（其董事会成员组成包括政府官员、工会和非政府组织代表以及独立专家）的支持，以监督自动燃料定价机制，并逐步在后期全面放开化石燃料价格。

如果化石燃料定价机制仍然由政治因素操纵和把控，化石燃料补贴合理化可能就无法持续。2012 年尼日利亚的情况就是如此，当时该国汽油价格上涨 117%，引发了全国性的抗议和罢工。作为回应，该国政府将价格涨幅下调至 49%，实际上将补贴保持在较低水平。发展中成员国也可以选择引入平滑机制来减轻全球石油价格波动（专题分析 4.4）。

专题分析 4.4

平滑机制：应对国际价格波动的一种选择
（Clements et al.，2013；Laan et al.，2021）

为了减轻国际价格波动造成价格冲击的风险，各国政府可在自动定价机制中引入平滑规则。例如，将价格涨幅限制在每月最多 5%。这样可以避免国内价格大幅上涨，遏制通胀预期，平抑国际价格和汇率波动的影响。平滑规则应适用于价格上涨或下跌阶段，以保护中期预算。2004 年，秘鲁引入平滑规则，允许国际价格在固定价格区间内传递到国内市场，但如果价格低于或高于固定价格区间，差额将会由总预算吸收承担。2010 年，为反映国际价格趋势，更新了固定价格区间。定期审查十分重要，以确保稳定基金的可实现性，不会在国际价格高企时面临耗尽其储备资金的风险。

（2）建立有针对性的福利分配机制。2015年对32个发展中国家的调查显示，平均而言，最富有的20%人口获得的化石燃料补贴是最贫穷的20%人口的6倍。这一平均数在较大程度上掩盖了补贴类型的福利差异。最富有的20%人口获得的汽油补贴是最贫穷的20%人口的27倍，液化石油气补贴则是12倍（Coady et al.，2015）。只有煤油补贴让低收入家庭受益较多，即使在这种情况下，也有一些高收入群体获得了补贴。

化石燃料补贴在几个发展中成员国中的支出很大。2020年，按照价格差距法衡量，孟加拉国的化石燃料补贴为34亿美元，印度为160亿美元，哈萨克斯坦为99亿美元，马来西亚为35亿美元，巴基斯坦为69亿美元（IMF，2022）。补贴带来的不平等福利及其庞大的规模有力地证明了在化石燃料补贴合理化期间采取有针对性的措施支持弱势家庭的必要性，也应确保社会援助负担在财政上仍然是可持续的。

像其他形式的二氧化碳定价一样，化石燃料补贴合理化的一个重要好处在于，它允许能源价格上涨，从而鼓励更有效地使用化石能源。因此，为了保持这种激励机制，最好设计一些缓解措施，不降低能源价格，而是以其他方式补偿弱势群体。这样做的前提是确保相关福利能够有效针对目标群体。

图4.4显示了各国政府可以考虑的各种措施的层次结构。

福利可以利用和扩大现有的分配机制来保护弱势群体。例如，印度尼西亚2015年扩大了智能卡的运营，以减轻化石燃料补贴合理化造成的负值资产影响 ❶。同样，社会援助可以通过额外的公共服务来实现，最好是那些可以快速扩大的服务，如取消公立学校的费用、改善公共交通、增加医疗保健资金。正如加纳在2014 年所做的那样（Whitley et al.，2015）。社会援助可以通过提供共同利益甚至转型变革等新计划来实施，如实物利益、有条件现金转移或可再生能源实施赞助。在印度，家庭可以获得屋顶太阳能电池板成本 40% 的补贴，政府也支持农民安装离网太阳能灌溉泵（Garg et al.，2020）。

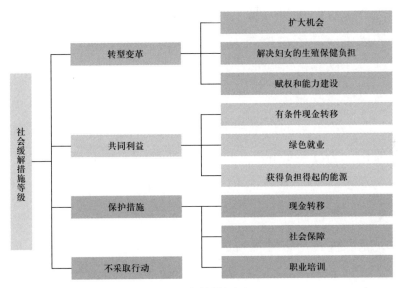

图 4.4　社会缓解措施的层次结构图（Raworth et al.，2014）

---

❶ 印度尼西亚的减贫方案是通过使用智能卡实施的，社会援助的接受者使用智能卡获得食物、现金转移、医疗保健、教育以及其他福利。卡片直接寄给有权获得额外资助的家庭［资料来源：TNP2K，Tim Nasional Percepatan Penanggulangan Kemiskinanhttps（National Team for the Acceleration of Poverty Reduction）］。

（3）产业支持设计。如果产业竞争力很可能会下降，或者如果利益相关方的协商和图谱显示需要赢得关键产业的支持，那就需要制定有利于产业的支持或缓解措施。无论这些措施的性质如何，包括直接支持、税收支出、低成本贷款、资助拨款、融资便利或应用节能技术的能力建设等，都应该有针对性、过渡性、时限性，并接受定期审查，以确保过渡性支持保持相关性和有效性，而不会陷入并导致补贴依赖。

这方面的风险在于，如果产业完全不受化石燃料合理化的影响，就不会有创新和适应，从而破坏积极的气候和环境影响。所采取的措施应减轻短期损失，以确保业务连续性，并实现替代，例如燃料转换和可以减少化石燃料消耗的增效措施。这样的支持可以确保增强产业韧性、提高能源效率并减少化石燃料引起的碳排放。保护竞争力的最不扭曲的方法之一是逐步引入化石燃料补贴合理化，为受影响的公司采取缓解措施留出足够的准备时间。这种"公告效应"或"意识效应"的证据大部分不足为信。然而，英国的实证研究表明，宣布征收气候变化税，即对工业征收下游碳能源税，与单独征税的价格效应相比，永久性能源需求量减少得更多（National Audit Office，2007）。

各个国家还可以支持其企业努力提高能源效率或向可再生能源转型。1998 年，菲律宾放开了价格管制和石油下游产业，同时推出了国家能源效率和节约计划，旨在增加可持续能源在家庭、商业和交通中的使用。从 2000 年到 2012 年，该国能源生产率提高了 75%（Nathan Associates，2016）。

　　针对经济中高度依赖化石燃料的特定地区，还可以实施专门解决方案。德国和波兰的煤炭补贴合理化进程伴随着对区域经济发展、创造就业和社会援助的支持，以减轻矿业公司关停的影响。这些项目创造了新的补贴，但它们将资源集中在了加强当地经济和对受影响工人的社会保护等方面。

　　（4）政府内部的能力建设和达成共识。设计化石燃料补贴合理化需要政府内部各部门的通力合作，包括负责财政政策、能源、金融、经济、工业、规划、投资、劳工和社会问题、环境和气候的部委，以确保所有相关因素都纳入考量。可以通过设置一个高级别决策委员会和一个执行层面的跨部委工作组来形成一套完整的治理方法。

　　发展中成员国的化石燃料补贴是一种无特定目标的社会援助形式，其合理化是一个结构化过程，可以使经济更有效率、更加绿色，使福利制度更精细、更有针对性。为了实现这一转变，各部委工作人员的能力建设对于提高如何分析建模结果的认识和了解、设计自动定价机制以及设计管理和有效地针对社会福利是必不可少的。为有效实现这一进程，发展中成员国可以请求包括亚行在内的国际开发机构和开发银行提供支持。能力建设还可以带来额外的好处，可以使政府在关键利益相关方眼中更具政治可信度。这一点非常重要，因为一个管理不善或服务效率低下的政府几乎没有什么可以提供给反对化石燃料补贴合理化的特殊利益集团的。

　　国际上一致认为，化石燃料补贴应该合理化。发展中成员国政府通常必须努力将这一共识转化为国家事务，做到这一点十分重要。强有力的领导和政府凝聚力是化石燃料补贴合理化成功的关键。寻求启动化石燃料补贴合理化的牵头部长和部委必须努力在政府各部门中达成共识，与所有相关部门和机构合作并让他们参与进来。在设计和实施化石燃料补贴合理化战略时，创建高级别跨部门委员会和工作组会使得政府行动更加高效一致，从而能够做出有效的政治决策并采取适当的行动步骤。

跨党派小组或独立专家咨询小组（如绿色财政委员会）是对跨部门工作小组的补充。在马来西亚，成立政策实验室的方法经常被用来解决棘手的政治问题。2010 年补贴合理化实验室就汇集了 70 名专家，而且他们与政府内阁合作，共同制订了详细的化石燃料补贴合理化计划。随后，他们还举行了开放日，发布结果并收集整理反馈意见。工作成果最终被纳入了化石燃料补贴合理化建议（Beaton et al., 2013）并提交给该国总理。尽管如此，一段时间以后，汽油和柴油补贴改革才最终在 2013 年 9 月启动（Bridel et al., 2014）。

4.2.5.2　时间框架

（1）节奏和时机。一般来说，渐进的化石燃料补贴合理化往往比激进式的方法更具可持续性。但在某些情况下，如果遭遇毁灭性预算压力，政府可能别无选择，只能快速改革。一般而言，如果消费者支付的价格远低于全球价格，在不承受政治危机风险的情况下，让国际化石能源价格一步到位并充分传递到国内很难实现。化石燃料补贴合理化的渐进方法为协商和实施配套措施留出了时间，以防止对分配和竞争力等方面产生负面影响，确定一个明确的沟通时间也就容易了。

战略时机可能是另一个关键的成功因素。在季节性化石燃料消耗量较低的时候实施改革，反对的意见可能会比较少，也给消费者预留了时间去适应价格上涨。在低通胀时期实施化石燃料补贴合理化可以抑制通胀冲击（专题分析 4.5）。将化石燃料补贴合理化的改革与更广泛的财政改革进程同时进行，可能会减少对化石燃料补贴合理化的反对，也可以为推出社会援助计划腾出资金。

在危机和政府应对危机的过程中，可能会出现使化石燃料补贴合理化的机会。危机往往会从根本上提升改革者的可信度，

专题分析 4.5

通货膨胀与化石燃料补贴合理化（IMF，2011）

能源价格上涨对通货膨胀有短期影响，这可能会引起对长期价格和工资上涨的预期上升。能源成本上升导致通货膨胀和价格持续上涨的程度取决于通货膨胀对工资和其他投入价格的第二轮影响的强度。政策制定者也许能够通过适当的货币和财政政策来遏制这些影响，包括加强国内收入调拨和改进有针对性的一揽子社会援助。化石燃料补贴合理化通过减少预算赤字和帮助遏制需求对价格形成的压力，来支持应对通货膨胀的适当财政政策。国际货币基金组织 2011 年出具的一份报告，提出了可行的货币和财政政策，是应对通货膨胀冲击的实用指南，特别侧重于低收入国家。

在某些情况下，政府可能根本没有其他选择。2012 年，在多米尼加共和国，与电力公司负责人有关的腐败丑闻引发了街头抗议，这清楚地表明了能源系统不改革就会产生巨大的政治成本（Inchauste et al., 2017）。未来几年，一些国家，除了撤销价格监管外，可能几乎没有任何替代方案，只能允许国际能源价格波动传递给国内能源消费者。

国际石油和天然气价格的预期下跌可以为化石燃料补贴合理化创造实施机会。在这种情况下，即使相对重要的燃料价格上涨，也不一定会使国内燃料价格整体高于全球高价。从 2015 年到 2017 年，包括印度尼西亚、印度和马来西亚在内的世界各国利用石油和天然气走低的机会，逐步取消了针对消费者的化石燃料补贴。

（2）补贴合理化排序。排序的目的是通过仔细选择首先合理化的化石燃料补贴来防止政策反转。出于对分配影响的担忧，许多国家选择对较富裕家庭消费的商品或服务补贴率先开展合理化。这种方法为政策制定者留下了学习和测试补充支持措施有效性的时间，同时最大限度地减少了负面的分配影响。

如果采取这种方法，政策制定者应该意识到，长期保留无特定对象的补贴是低效的，而且可能代价高昂，尤其是因为这种支出容易受到全球化石燃料价格波动的影响。因此，一旦政治上可行，对低收入群体消费的商品，特别是煤油和液化石油气的价格补贴应该尽快合理化，并制订有效的针对特定群体的社会援助计划来加快这一进程。

从理论上讲，最经济和财政上最有效的碳定价方法是政策制定者将所有化石燃料补贴合理化，即纠正所有负碳价格，然后通过碳税和碳排放交易的方式引入碳定价。在实践中，大多数国家认为，化石燃料补贴合理化和引入碳定价有一些重叠。许多经合组织国家改革了最明确、最容易识别的化石燃料补贴，并引入了碳定价。然而，正如经合组织的化石燃料补贴指标清单所显示的那样，对生产者和消费者的补贴仍然存在。这些相当混乱的后果在发展中成员国也可能会再现。

化石燃料补贴合理化排序有缺点。预算节约有限，排序会扭曲消费模式，刺激燃料掺假、走私和重新导致廉价燃料转向运输行业。例如，在土耳其，由于消费量和转为使用液化石油气的车辆激增，液化石油气补贴逐步取消，其速度比最初设想的要快（Clements et al.，2013）。如果这个过程太慢，可能会让反对化石燃料补贴合理化的人有时间联合起来。归根结底，无论是渐进的还是快进的（专题分析 4.6），化石燃料补贴合理化时间框架的战略选择至关重要。

4.2.5.3　沟通和建立共识

让政府内外的利益相关方参与进来对于成功实施化石燃料补贴合理化至关重要。早期协商可以帮助政府了解利益相关方的观点，并确定实施化石燃料补贴合理化的赢家和输家。参与还使利益相关方的合理关切能够纳入化石燃料补贴合理化的设计及其缓解措施之中。

专题分析 4.6

伊朗的激进式改革：战略节奏、时机和顺序
（Guillaume et al.，2011）

2010 年开始的伊朗化石燃料补贴合理化是经过精心设计的，其战略节奏、时机和顺序能够获得广泛支持。2010 年 12 月对消费者化石燃料补贴进行了改革，选择在能源消费水平处于最低的时机进行。为大约 80% 的公民开设了银行账户，从 2010 年 10 月开始，即补贴合理化改革前两个月，转移支付的现金就存入这些账户。2010 年 12 月，取消价格上限后，受益人就获准使用这些账户中的资金。这一战略采用了激进的方式实施。第一年，削减了价值 500 亿~600 亿美元的化石燃料补贴。公众获得了 300 亿美元的转移支付，能源贫困率从 23% 下降到 11%。工业领域获得了 100 亿~150 亿美元用于重组，以降低能源强度。

伊朗化石燃料补贴合理化改革展示了激进式方法的明显优势。它可以促进政府内部快速决策，例如，普遍向公民派发转移支付的现金。然而，它也体现了建立行政系统并将社会福利面向最贫困家庭的重要性，并确保消除贫困的行动从长远来看是负担得起的。在伊朗，通货膨胀侵蚀了补偿支付的实际价值，随着时间的推移，最贫困的家庭失去了现金转移支付初始收益的一半。针对低收入群体 90% 的人员的现金转移的尝试并不是特别成功。

在这一进程的后期，利益相关方协商有助于建立共识，促进合作，制订政治上可接受的解决方案，还可以就外部对政府及其化石燃料补贴合理化的看法和误解提供见解。同时，让利益相关

方参与进来可以提高透明度，打造主人翁意识和赋权参与意识，从而有助于确保认同并形成有利于化石燃料补贴合理化的共识。

任何化石燃料补贴合理化的关键利益相关方都是该国公民，他们的支持与否都可能是决定性的。因为公众往往对能源定价、补贴收益分配的不平等、化石燃料补贴的负面影响和化石燃料补贴合理化的潜在收益等事宜知之甚少，让公众达成共识通常需要精心设计和有针对性的公共宣传活动。通过强调化石燃料补贴合理化的优势，良好的沟通战略可以消除信息不足，从而有助于形成支持改革的共识。

化石燃料补贴合理化的基础工作应该为制定有针对性的战略沟通活动提供必要的证据和分析。沟通活动开发的理想化模型如图 4.5 所示。利用利益相关方图谱绘制的结果来辨识受众，制定针对受众的信息传递方式，选择适当的媒体沟通方法，这对于确保这种沟通的相关性、有效性，确保能够与不同受众交流，确保他们能够参与并解决他们的关切等都是十分必要的。

图 4.5　沟通活动开发的理想化模型（Bridle et al., 2013）

从一开始就应该明确宣传活动的目标，并将以下内容包括在内：

（1）提高对化石燃料补贴的负面影响及其合理化好处的认知；

（2）提高预算透明度；

（3）通过对收入的再分配或其他措施的宣传，建立对改革的支持；

（4）向主要利益相关方通报化石燃料补贴合理化战略及其缓解措施。

有些公司或利益集团受益于化石燃料补贴合理化，因而也会支持改革，让他们参与宣传沟通活动也是合理的。根据国家和目标受众的不同，发展中成员国可以单独或组合使用新媒体、社交媒体、电视、电影广告、广告牌、宣传册、传单和公民指南。全球补贴倡议组织制定了许多公民指南，包括马来西亚（GSI，2013）和印度尼西亚[1]。

积极交流成果和借鉴成功经验可以为后续若干轮的化石燃料补贴合理化提供信息。印度尼西亚在20国集团同行审查进程中的自愿评价报告审查了该国为使化石燃料补贴合理化所做的努力，借鉴以往的经验，确定了今后可能采取的步骤，并展望了未来，包括电力补贴改革和通过税收激励可再生能源投资来降低长期电价，以及根据通过气候预算标签改变融资流向[2]。

---

[1] 资料来源：GSI. Panduan Masyarakat Tentang Subsidi Energi di Indonesia. Geneva：International Institute for Sustainable Development/Global Subsidies Initiative. https：//www.iisd.org/system/files/publications/indonesia_czguide_ind. pdf.

[2] 这种标记方法提醒政府注意几个职能部委的气候融资规模，标出资金缺乏的地方，从而为气候变化融资的增加提供支撑信息（MEMR et al.，2019）。

4.2.6 监测和调整

预测化石燃料补贴合理化的影响并不简单，许多因素的变化都可能产生意想不到的效果。因此，在合理化过程中监测影响对于确定和纠正任何意外结果至关重要，如走私、不必要的燃料替代、社会缓解政策执行不力、对弱势社会群体的意外影响或对某些行业的负面影响。

政府可能需要调整补偿措施，扩大其覆盖范围，或改善对企业支持机制的管理。从长远来看，可能需要进行调整，以确保政策的相关性，并确保社会援助的积极方面不受到损害。在伊朗，2011—2016 年，高通胀将现金转移支付的实际价值侵蚀了一半，农村地区受到的打击尤其严重（Enami et al.，2018）。政策审查和整个过程中吸取的经验教训可以为下一轮化石燃料补贴合理化提供信息。

4.3 结语

化石燃料补贴合理化目标和过程充满挑战，具有高度的政治敏锐性。在许多国家，补贴深深植根于经济和财政体系中。如果不对可再生能源进行大量投资，不对能源转型和绿色经济转型提供坚定的政治承诺，也不愿意使化石燃料补贴合理化成为转型的一个组成部分，那么就不可能实现补贴的合理化，特别是对那些更为隐性的补贴而言❶。

---

❶ 参见 Cottrell、Fortier 和 Schlegelmilch 在 2015 年撰写的论文，对化石燃料补贴合理化和可再生能源转型之间的相互作用以及向可再生能源转型如何促进改革进行了详细分析。

　　然而，为实现《巴黎协定》的目标，世界各国政府必须妥善应对挑战，有效解决化石燃料补贴问题。为了兑现他们提出的国家自主贡献减排，发展中成员国需要探索哪些碳定价方案可能被证明是有效的、可操作的，并且政治上也是可行的。化石燃料补贴合理化和其他碳定价方法对于发展中成员国完成国家自主贡献减排，并高效地实现2030年可持续发展目标十分关键。根据本国的政治背景，一些发展中成员国可能会选择引入碳定价和碳税，如本书第2章和第3章所述，甚至可以在化石燃料补贴合理化进程完成之前实施。

附　录

附录 1　经合组织支持措施矩阵及实例（OECD，2013）

法定的或正式的范围（支付转移对象和目的）

	生产							直接消费	
	产出收益	企业收益	中间投入成本	劳动力	土地	资本	知识	单位消费成本	家庭或企业收入
直接转移资金	产出奖励或差额补贴	营业补助金	投入价格补贴	工资补贴	与收购土地挂钩的资本补助	与资本挂钩的资本补助	政府研发	单位补贴	政府补贴生命线电价
税收收入损失	生产税收抵免	降低所得税税率	降低产出消费税	降低社会负担费用（工资税）	减免房产税	投资税收优惠	私人研发税收优惠	燃料增值税或消费费税优惠	能源购买金额超过给定收入比例时的税收减免
其他政府收入损失			政府商品或服务定价过低		获得政府土地或自然资源定价过低 资源特许权使用费或开采税		政府转让知识产权	对最终消费者收取的自然资源的获取定价过低	
风险转移至政府	政府缓冲储备	生产者第三方责任限额	安全保障（例如，对补给线进行军事保护）	承担职业健康与事故责任	与收购土地挂钩的信贷担保	与资本挂钩的信用担保		价格触发补贴	寒冷天气补助金的测试中数
诱导转移支付	进口关税或出口补贴	垄断特许权	垄断特许权；出口限制	工资控制	土地使用管制	（针对具体部门的）信贷控制	偏离标准知识产权规则的情况	管制价格，交叉补贴	强制生命线电价

（居高不下的经济租）　（居高不下的经济租）

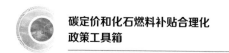
附录 2 缩略语

ADB	亚洲开发银行（Asian Development Bank）
CBAM	碳边境调节机制（Carbon Border Adjustment Mechanism）
DMC	发展中成员国（developing member country）
ETS	排放交易体系（emission trading system）
EU	欧盟（European Union）
FFS	化石燃料补贴（fossil fuel subsidy）
FFSR	化石燃料补贴合理化（fossil fuel subsidy rationalization）
GHG	温室气体（greenhouse gas）
ICAP	国际碳行动伙伴组织（International Carbon Action Partnership）
IEA	国际能源署（International Energy Agency）
IMF	国际货币基金组织（International Monetary Fund）
LPG	液化石油气（liquefied petroleum gas）
NDC	国家自主贡献（nationally determined contribution）
OECD	经济合作与发展组织（Organisation for Economic Co-operation and Development）

PA	《巴黎协定》（Paris Agreement）
PRC	中国（People's Republic of China）
RGGI	区域温室气体倡议（Regional Greenhouse Gas Initiative）
tCO_2e	吨二氧化碳当量（ton of carbon dioxide equivalent）
UNFCCC	《联合国气候变化框架公约》（United Nations Framework Convention on Climate Change）

参 考 文 献

Adolf C, et al., 2014. TTIP and Fossil Fuel Subsidies: Using International Policy Processes as Entry Points for Reform in the EU and the USA. Heinrich Boell Stiftung TTIP Series. https: //eu. boell. org/sites/default/files/hbs_ttip_fossil_fuel_subsidies_1. pdf.

Alonso C, Kilpatrick J, 2022. The Distributional Impact of a Carbon Tax in Asia and the Pacific. IMF Working Paper. 116. Washington, DC: International Monetary Fund.

Andersen M S, 2010. Europe's Experience with Carbon-Energy Taxation. Sapiens. 3 (2). http: //sapiens. revues. org/index1072. html.

Andersen M S, Ekins P, 2009. Carbon-Energy Taxation: Lessons from Europe. New York: Oxford University Press. https: //doi. org/10. 1093/acprof: oso/9780199570683. 001. 0001.

Asian Development Bank (ADB), 2016a. Emissions Trading Schemes and Their Linking: Challenges and Opportunities in Asia and the Pacific. Manila. https: //www. adb. org/sites/default/files/publication/182501/emissions-trading-schemes. pdf.

Asian Development Bank (ADB), 2016b. Fossil Fuel Subsidies in Asia: Trends, Impacts, and Reforms: Integrative Report. Manila. https: //www. adb. org/publications/fossil-fuel-subsidies-asia-trends-impacts-and-reforms.

Asian Development Bank (ADB), 2019. Article 6 of the Paris Agreement: Drawing Lessons from the Joint Crediting Mechanism. Manila. https: //dx. doi. org/10. 22617/TIM190555-2.

Asian Development Bank (ADB), 2021. Carbon Pricing for Green Recovery and Growth. Manila.

Asian Development Bank (ADB), 2022. Climate Change and Disaster Risk Management. http: //www. adb. org/climate-change.

Barker T, et al., 2009. The Effects of Environmental Tax Reform on

International Competitiveness in the European Union: Modelling with E3ME. In M. S. Anderson and P. Ekins, eds. Carbon-Energy Taxation: Lessons from Europe. New York: Oxford University Press. pp. 147-214. https://doi. org/10. 1093/acprof: oso/9780199570683. 001. 0001.

Baron R, 2012. Setting Caps: Partnership for Market Readiness Technical Workshop: Domestic Emissions Trading. Paris: International Energy Agency. https://www. thepmr. org/system/files/documents/Cap%20Seting%20in%20 Emissions%20Trading%20-%20Expert%20View. pdf.

Beaton C, et al., 2013. A Guide to Fossil Fuel Subsidy Reform for Policy-Makers in South East Asia. Geneva: International Institute for Sustainable Development/Global Subsidies Initiative. https://www. iisd. org/gsi/sites/ default/files/ffs_guidebook. pdf.

Beaton C, Lontoh L, Wai-Poi M, 2017. Indonesia: Pricing Reforms, Social Assistance, and the Importance of Perceptions. In G. Inchauste and D. G. Victor, eds. The Political Economy of Energy Subsidy Reform. Directions in Development. Washington, DC: World Bank. https://openknowledge. worldbank. org/bitstream/handle/10986/26216/9781464810077. pdf.

Bird N, et al., 2013. Using a Life Cycle Assessment Approach to Estimate the Net Greenhouse Gas Emissions of Bioenergy. IEA Bioenergy. https://www. ieabioenergy. com/wp-content/uploads/2013/10/Using-a-LCA-approach-to-estimate-the-net-GHG-emissions-of-bioenergy. pdf.

Breuing J, 2020. A Revision of Ukraine's Carbon Tax. Berlin: Berlin Economics. https://www. lowcarbonukraine. com/wp-content/uploads/ A-Revision-of-Ukraines -Carbon-Tax. pdf.

Bridel A, Lontoh L, 2014. Lessons Learned: Malaysia's 2013 Subsidy Reform. Geneva: International Institute for Sustainable Development. https:// www. iisd. org/gsi/sites/default/files/ffs_malaysia_lessonslearned. pdf.

Bridle R, et al., 2013. Communication Best Practices for Renewable Energy: Re-Communicate. April. https://foes. de/pdf/2013-04-IEA-RETD-RE-

COMMUNICATE-Report. pdf.

Cekindo，2022. The Important Things to Know about Indonesia's Carbon Tax. https：//www. cekindo. com/blog/indonesia-carbon-tax.

CEQ Institute，2022. CEQ Handbook：Estimating the Impact of Fiscal Policy on Inequality and Poverty. https：//commitmentoequity. org/publications-ceq-handbook.

Chantanusornsiri W，2021. Excise Considers Carbon Tax. Bangkok Post. 4 October. https：//www. bangkokpost. com/business/2191891/excise-considers-carbon-tax.

Clements B，et al.，2013. Energy Subsidy Reform：Lessons and Implications. Washington，DC：International Monetary Fund. https：//www. imf. org/en/Publications/Policy-Papers/Issues/2016/12/31/Energy-Subsidy-Reform-Lessons-and-Implications-PP4741.

Climate Works Foundation，2010. Australian Carbon Trust Report：Commercial Buildings Emissions Reduction Opportunities. December. https：//www. climateworkscentre. org/wp-content/uploads/2019/10/climateworks_commercial_buildings_emission_reduction_opportunities_dec2010. pdf（accessed 1 June 2023）.

Coady D，Flamini V，Sears L，2015. The Unequal Benefits of Fuel Subsidies Revisited：Evidence for Developing Countries. IMF Working Paper 15/250. Washington，DC：International Monetary Fund. https：//doi. org/10. 5089/9781513501390. 001.

Coady D，et al.，2019. Global Fossil Fuel Subsidies Remain Large：An Update Based on Country-Level Estimates. IMF Working Paper. 19/89. Washington，DC：International Monetary Fund.

Cottrell J，2014. Reforming EHS in Europe：Success Stories，Failures and Agenda-Setting. In F. Oosterhuis and P. ten Brink，eds. Paying the Polluter：Environmentally Harmful Subsidies and Their Reform. Cheltenham：Edward Elgar.

Cottrell J，Fortier F，Schlegelmilch K，2015. Fossil Fuel to Renewable Energy：Comparator Study of Subsidy Reforms and Energy Transitions in African and Indian Ocean Island States. Incheon：United Nations Office for Sustainable Development. https：//www. lerenovaveis. org/contents/ lerpublication/UNOSD_2015_JAN_Fossil_Fuel_to_Renewable_Energy. pdf.

Couharde C，Mouhoud S，2018. Fossil Fuel Subsidies，Income Inequality and Poverty：Evidence from Developing Countries. Working Paper. 2018–42. Paris：Economix. https：//economix. fr/pdf/dt/2018/WP_EcoX_2018–42. pdf.

Crippa M，et al.，2021. Fossil CO_2 Emissions of All World Countries. Ispra，Italy：Joint Research Centre. https：//publications. jrc. ec. europa. eu/ repository/handle/JRC121460.

Danish Energy Agency，2014. Danish carbon emissions continue to drop. Press release. 12 May. https：//ens. dk/en/press/danish–carbon–emissions–continue–drop（accessed 1 June 2023）.

Datta A，2010. The Incidence of Fuel Taxation in India. Energy Economics. 32. pp. S26–S33. https：//doi. org/10. 1016/j. eneco. 2009. 10. 007.

Di Maria C，Zarkovic M，Hintermann B，2020. Are Emissions Trading Schemes Cost–effective?Working Paper. 2020/13. Faculty of Business and Economics，University of Basel. https：//ideas. repec. org/p/bsl/ wpaper/2020–13. html.

Dorband I I，et al.，2019. Poverty and Distributional Effects of Carbon Pricing in Low– and Middle–Income Countries：A Global Comparative Analysis. World Development. 115. pp. 246–257. https：//doi. org/10. 1016/j. worlddev. 2018. 11. 015.

Dufrasne G，2021. FAQ：Deciphering Article 6 of the Paris Agreement. Carbon Market Watch. https：//carbonmarketwatch. org/2021/12/10/faq–deciphering–article–6–of–the–parisagreement/.

Dussaux D，2019. The Joint Effects of Energy Prices and Carbon Taxes on

Environmental and Economic Performance: Evidence from the French Manufacturing Sector. OECD Environment Working Paper. 154. Paris: Organisation for Economic Co-operation and Development. https://dx. doi. org/10. 1787/b84b1b7d-en.

Eden A, et al., 2018. Benefits of Emissions Trading: Taking Stock of the Impacts of Emissions Trading Systems Worldwide. Berlin: International Carbon Action Partnership. https://icapcarbonaction. com/system/files/document/benefits-of-ets_updated-august-2018. pdf.

Enami A, Lustig N, 2018. Inflation and the Erosion of the Poverty Reduction Impact of Iran's Universal Cash Transfer. CEQ Working Paper. 68. New Orleans: Commitment to Equity Institute. http://repec. tulane. edu/RePEc/ceq/ceq68. pdf.

Environmental Defense Fund, 2016. Kazakhstan: An Emissions Trading Case Study. https://www. edf. org/sites/default/files/kazakhstan_case_study. pdf.

EUR-Lex, 2003. Article 17. 1a of Council Directive 2003/96/EC Restructuring the Community Framework for the Taxation of Energy Products and Electricity. https://eur-lex. europa. eu/legal-content/EN/TXT/ ? uri=celex%3A32003L0096.

EUR-Lex, 2021. Proposal for a Regulation of the European Parliament and of the Council Establishing a Carbon Border Adjustment Mechanism, COM（2021）564 final. https://eur-lex. europa. eu/legal-content/EN/TXT/ ? uri=celex: 52021PC0564.

European Commission, 2015. EU ETS Handbook. https://ec. europa. eu/clima/system/files/2017-03/ets_handbook_en. pdf.

European Commission, 2021. Questions and Answers—Emissions Trading—Putting a Price on Carbon. https://ec. europa. eu/commission/presscorner/detail/en/qanda_21_3542.

Feng K, et al., 2018. Managing the Distributional Effects of Energy Taxes and Subsidy Removal in Latin America and the Caribbean. Applied Energy. 225.

pp. 424−436. https：//doi. org/10. 1016/j. apenergy. 2018. 04. 116.

Fitz Gerald J，et al.，2009. Assessing Vulnerability of Selected Sectors under Environmental Tax Reform. In M. S. Andersen and P. Ekins，eds. Carbon−Energy Taxation：Lessons from Europe. New York：Oxford University Press. pp. 55−76. https：//doi. org/10. 1093/acprof：oso/9780199570683. 001. 0001.

Fonseca−Gómez M，2018. Colombia Introduces Carbon Tax. Environment for Development Initiative. https：//www. efdinitiative. org/sites/default/files/publications/colombia_final. pdf.

Frey M，2017. Assessing the Impact of a Carbon Tax in Ukraine. Climate Policy. 17（3）. pp. 378−396. https：//doi. org/10. 1080/14693062. 2015. 1096230.

G20，2009. Leaders' Statement：The Pittsburgh Summit. Pittsburgh：Group of Twenty. http：//www. g20. utoronto. ca/2009/2009communique0925. html.

Garg V，et al.，2020. Mapping India's Energy Subsidies 2020：Fossil Fuels，Renewables，and Electric Vehicles. Geneva：International Institute for Sustainable Development. https：//www. iisd. org/publications/report/mapping−indias−energy−subsidies−2020−fossil−fuels−renewables−and−electric.

GIZ，2012. International Fuel Prices 2010/2011. Eschborn：Deutsche Gesellschaft für Internationale Zusammenarbeit.

GIZ，2015. International Fuel Prices 2014. Eschborn：Deutsche Gesellschaft für Internationale Zusammenarbeit.

Goulder L，1995. Environmental Taxation and the "Double Dividend"：A Reader's Guide. International Tax and Public Finance. 2（2）. pp. 157−183. https：//link. springer. com/article/10. 1007/BF00877495.

Greenhouse Gas Management Institute and Stockholm Environment Institute. Carbon Offset Projects. https：//www. offsetguide. org/understanding−carbon−offsets/carbon−offset−projects/.

GSI，2013. A Citizens' Guide to Energy Subsidies in Malaysia. Geneva：

International Institute for Sustainable Development/Global Subsidies Initiative. https：//www. iisd. org/gsi/sites/default/files/ffs_malaysia_czguide. pdf.

Guillaume D，Zytek R，Farzin M R，2011. Iran：The Chronicles of the Subsidy Reform. IMF Working Paper. 11/167. Washington，DC：International Monetary Fund.

Haites E，2018. Carbon Taxes and Greenhouse Gas Emissions Trading Systems：What Have We Learned？ Climate Policy. 18（8）. pp. 955−966. https：//doi. org/10. 1080/14693062. 2018. 1492897.

Healy S，2018. Setting the ETS Cap：Options for a Mexican ETS. Öko−Institut. https：//iki−alliance. mx/wp−content/uploads/4. −ETS−Cap−Setting_Oeko−Institut. pdf.

High−Level Commission on Carbon Prices，2017. Report of the High−Level Commission on Carbon Prices. Washington，DC：World Bank. https：//static1. squarespace. com/static/54ff9c5ce4b0a53decccfb4c/t/59b7f2409f8d ce5316811916/1505227332748/CarbonPricing_FullReport. pdf.

Inchauste G，Victor D G，2017. The Political Economy of Energy Subsidy Reform. Directions in Development. Washington，DC：World Bank. https：//openknowledge. worldbank. org/bitstream/hand le/10986/26216/9781464810077. pdf.

International Carbon Action Partnership（ICAP），2021. ICAP ETS Briefs. Berlin：International Carbon Action Partnership. https：//icapcarbonaction. com/en/publications/icap−ets−briefs.

International Carbon Action Partnership（ICAP），2022a. Emissions Trading Worldwide：Status Report 2022. Berlin：International Carbon Action Partnership. https：//icapcarbonaction. com/system/files/document/220408_ icap_report_exsum_en. pdf.

International Carbon Action Partnership（ICAP），2022b. Indonesia ［factsheet］. Berlin：International Carbon Action Partnership. https：//

icapcarbonaction. com/system/files/ets_pdfs/icap−etsmap−factsheet−104. pdf.

International Energy Agency（IEA）, 1999. The World Energy Outlook. Looking at Energy Subsidies: Getting the Prices Right. Paris: International Energy Agency. https: //doi. org/10. 1787/weo−1999−en.

International Energy Agency（IEA）, 2020a. Implementing Effective Emissions Trading Systems: Lessons from International Experiences. Paris: OECD Publishing. https: //doi. org/10. 1787/b7d0842b−en.

International Energy Agency（IEA）, 2020. https: //iea. blob. core. windows. net/assets/d21bfabc−ac8a−4c41−bba7−e792cf29945c/China_Emissions_ Trading_Scheme. pdf.

International Energy Agency（IEA）, 2022. Energy Subsidies: Tracking the Impact of Fossil−Fuel Subsidies. Paris: International Energy Agency.

International Monetary Fund（IMF）, 2011. Managing Global Growth Risks and Commodity Price Shocks—Vulnerabilities and Policy Challenges for Low−Income Countries. Washington, DC: IMF. https: //www. imf. org/ external/np/pp/eng/2011/092111. pdf.

International Monetary Fund（IMF）, 2022. Climate Change: Fossil Fuel Subsidies. Washington, DC: International Monetary Fund. https: //www. imf. org/en/Topics/climate−change/energy−subsidies.

IMF, OECD, 2021. Tax Policy and Climate Change: IMF/OECD Report for the G20. https: //www. oecd. org/tax/tax−policy/imf−oecd−g20−report−tax− policy−and−climate−change. htm.

Interpol Environmental Crimes Programme, 2013. Guide to Carbon Trading Crime. Lyon: Interpol. https: //www. interpol. int/content/download/5172/ file/Guide%20to%20Carbon%20Trading%20 Crime. pdf.

Jaeger W K, 2012. The Double Dividend Debate. In J. Milne and M. S. Andersen, eds. Handbook of Research on Environmental Taxation. Cheltenham: Edward Elgar. pp. 211−229. https: //doi. org/10. 4337/9781781952146. 00021.

Keseljevic A，Koman M，2015. Analysis of the Effects of Introduction of an Additional Carbon Tax on the Slovenian Economy Considering Different Forms of Recycling. Economic and Business Review. 16（3）. pp. 247−277. https：//www. ebrjournal. net/home/vol16/iss3/.

Knoema. com，2021. International Carbon Tax：Who Will Pay for the EU's Green Future？Blog. https：//knoema. com/infographics/pgtukpc/ international−carbon−tax−who−will−pay−for−the−eus−green−future.

Koh J，et al.，2021. Impacts of Carbon Pricing on Developing Economies. International Journal of Energy Economics and Policy. 11（4）. pp. 298−311. https：//doi. org/10. 32479/ijeep. 11201.

Kumenov A，Lillis J，2022. Kazakhstan Explainer：Why Did Fuel Prices Spike，Bringing Protesters Out onto the Streets？Eurasianet. 4 January. https：//eurasianet. org/kazakhstan−explainer−why−didfuel−prices−spike− bringing−protesters−out−onto−the−streets.

Laan T，Suharsono A，Viswanathan B，2021. Fuelling the Recovery：How India's Path from Fuel Subsidies to Taxes Can Help Indonesia. Geneva： International Institute for Sustainable Development/Global Subsidies Initiative. https：//www. iisd. org/system/files/2021−04/fuellingrecovery− india−subsidies−help−indonesia. pdf.

Lenain P，2022. Denmark's Green Tax Reform：G20 Countries Should Take Notice. Council on Economic Policies. https：//www. cepweb. org/denmarks− green−tax−reform−g20−countries−should−takenotice/（accessed 1 June 2023）.

Marteau J F，2021. From Paris to Glasgow and Beyond：Towards Kazakhstan's Carbon Neutrality by 2060. World Bank. https：//blogs. worldbank. org/ europeandcentralasia/paris−glasgow−and−beyond−towards−kazakhstans− carbon−neutrality−2060#：～：text=The%20ETS%20began%20in%202013， heating%2C%20extractive%20industries%20and%20manufacturing.

MEMR，MOF，2019. Indonesia's Efforts to Phase Out and Rationalise Its

Fossil Fuel Subsidies.

Metschies G P, 1999. Fuel Prices and Taxation: Pricing Policies for Diesel, Fuel and Gasoline in Developing Countries and Global Motorization Data. Frankfurt: Deutsche Gesellschaft für Technische Zusammenarbeit.

Mirzaee Ghazani M, Ali Jafari M, 2021. The Efficiency of CO_2 Market in the Phase III EU ETS: Analyzing in the Context of a Dynamic Approach. Environmental Science and Pollution Research. 28. pp. 61080−61095. https://doi. org/10. 1007/s11356−021−15044−5.

Nathan Associates, 2016. Peer Review on Fossil Fuel Subsidy Reforms in the Philippines. Final Report. Produced for the US−APEC Technical Assistance to Advance Regional Integration Project. https://www. slideshare. net/andreweil/apec−ffsr−peer−review−report−philippines−july−2016−final71416.

National Audit Office, 2007. The Climate Change Levy and Climate Change Agreements. London. https://www. nao. org. uk/wp−content/uploads/2012/11/climate_change_review. pdf.

NCCS, 2002. Carbon Tax. Singapore: National Climate Change Secretariat. https://www. nccs. gov. sg/singapores−climate−action/mitigation−efforts/carbontax/（accessed 30 June 2023）.

Organisation for Economic Co−operation and Development（OECD）, 2002. Implementing Environmental Fiscal Reform: Income Distribution and Sectoral CompetitivenessIssues. Proceedings of a Conference held in Berlin, Germany, 27 June. Paris: OECD. https://www. cbd. int/financial/fiscalenviron/several−fiscalreform−oecd. pdf.

Organisation for Economic Co−operation and Development（OECD）, 2010. Taxation, Innovation and the Environment. Paris: OECD.

Organisation for Economic Co−operation and Development（OECD）, 2013. Analysing Energy Subsidies in the Countries of Eastern Europe, Caucasus and Central Asia. Paris: OECD.

Organisation for Economic Co-operation and Development (OECD), 2018. Effective Carbon Rates 2018: Pricing Carbon Emissions Through Taxes and Emissions Trading, Paris: OECD Publishing. https://doi. org/10. 1787/9789264305304-en.

Organisation for Economic Co-operation and Development (OECD), 2021. OECD Companion to the Inventory of Support Measures for Fossil Fuels 2021. Paris: OECD. https://doi. org/10. 1787/e670c620-en.

Parry I, Black S, Roaf J, 2021. Proposal for an International Carbon Price Floor among Large Emitters. IMF Staff Climate Note. No. 2021/001, Washington, DC: International Monetary Fund. https://www. imf. org/ en/Publications/staff-climate-notes/Issues/2021/06/15/Proposal-foran-International-Carbon-Price-Floor-Among-Large-Emitters-460468.

Pearce D, 1991. The Role of Carbon Taxes in Adjusting to Global Warming. Economic Journal. 101 (407). pp. 938-948. https://doi. org/10. 2307/2233865.

Pereira A M, Pereira R M, Rodrigues P G, 2016. A New Carbon Tax in Portugal: A Missed Opportunity to Achieve the Triple Dividend? Energy Policy. 93. pp. 110-118. http://dx. doi. org/10. 1016/j. enpol. 2016. 03. 002.

Pinzón Téllez J, 2019. The Colombian Carbon Tax Overview. National Planning Department of Colombia. https://globalndcconference. org/2019/.

PMR, CPLC, 2018. Guide to Communicating Carbon Pricing. Washington, DC: Partnership for Market Readiness and Carbon Pricing Leadership Coalition, World Bank. https://openknowledge. worldbank. org/ handle/10986/30921.

PMR, ICAP, 2021. Emissions Trading in Practice: A Handbook on Design and Implementation. Second edition. Washington, DC: Partnership for Market Readiness and International Carbon Action Partnership, World Bank. https://openknowledge. worldbank. org/handle/10986/35413.

PMR, ICAP, 2022. Governance of Emissions Trading Systems. Washington,

DC：Partnership for Market Readiness and International Carbon Action Partnership，World Bank. https：//openknowledge. worldbank. org/ handle/10986/37213.

Quemin S，Pahle M，2022. Financials Threaten to Undermine the Functioning of Emissions Markets. Nat. Clim. Chang. https：//doi. org/10. 1038/s41558-022-01560-w（accessed 19 May 2023）.

Radio New Zealand，2021. Marshall and Solomons Urge Carbon Tax for Shipping Industry. 16 March. https：//www. rnz. co. nz/international/pacific-news/438514/marshall-and-solomons-urgecarbon-tax-for-shipping-industry.

Raworth K，Wykes S，Bass S，2014. Securing Social Justice in Green Economies：A Review and Ten Considerations for Policymakers. IIED Issue Paper. London：International Institute for Environment and Development. https：//pubs. iied. org/16578iied.

Regional Greenhouse Gas Initiative，2022. Model Rule and MOU Versions. New York：Regional Greenhouse Gas Initiative. https：//www. rggi. org/ index. php/program-overview-and-design/design-archive/mou-model-rule.

Rivers N，Schaufele B，2015. Salience of Carbon Taxes in the Gasoline Market. Journal of Environmental Economics and Management. 74. pp. 23-36. https：//doi. org/10. 1016/j. jeem. 2015. 07. 002.

Sartori M P，2021. Uruguay's Path to a Carbon-Neutral Economy. Dilogo Chino. 21 October.

Seixas J，et al.，2017. The Role of Electricity in the Decarbonization of the Portuguese Economy. University of Lisbon. https：//www. edp. com/es/ node/15861.

Soocheol L，Pollitt H，Ueta K，2012. An Assessment of Japanese Carbon Tax Reform Using the E3MG Econometric Model. Scientific World Journal. https：//doi. org/10. 1100/2012/835917.

Steenkamp L，2022. South Africa's Carbon Tax Rate Goes Up but Emitters Get More Time to Clean Up. The Conversation. https：//theconversation. com/south-africas-carbon-tax-rate-goes-up-butemitters-get-more-time-to-clean-up-177834#：～：text=Treasury%20acknowledged%20that%20this%20rate，by%20the%20end%20of%202021.

Surtidores. uy，2022. El Impuesto al CO_2 Alcanzaría los 800 Millones de Pesos en el Primer mes de Recaudación（The CO_2 tax would reach 800 million pesos in the first month of collection）. 10 February. https：//surtidores. uy/el-impuesto-al-CO_2-alcanzaria-los-800-millones-de-pesos-en-el-primermes-de-recaudacion/.

Tol R S J，et al.，2008. A Carbon Tax for Ireland. ESRI Working Paper. No. 246，Dublin：Economic and Social Research Institute. http：//hdl. handle. net/10419/50164.

Twidale S，2022. Global Carbon Pricing Schemes Raised $84 Bln in 2021——World Bank. Reuters. 24 May. https：//jp. reuters. com/article/climate-change-carbon-pricing-idAFL5N2XG42A.

United Nations，2001. United Nations Handbook on Carbon Taxation for Developing Countries. https：//www. un. org/development/desa/financing/document/un-handbook-carbon-taxationdeveloping-countries-2021.

United Nations，2022. SDG Indicators：Global Indicator Framework for the Sustainable Development Goals and Targets of the 2030 Agenda for Sustainable Development，including Annual Refinements. https：//unstats. un. org/sdgs/indicators/indicators-list/.

United Nations Environment Programme，2019. Measuring Fossil Fuel Subsidies in the Context of the Sustainable Development Goals. Nairobi：United Nations Environment Programme. https：//wedocs. unep. org/bitstream/handle/20. 500. 11822/28111/FossilFuel. pdf?sequence=1&isAllowed=y.

United Nations Framework Convention on Climate Change，2022. The Glasgow Climate Pact——Decision 1/CMA. 3. https：//unfccc. int/sites/default/

files/resource/cma2021_10_add1_adv. pdf.

Villanueva J, 2021. PH Moves to Institutionalize Carbon Pricing Instrument. Philippine News Agency. 27 October. https: //www. pna. gov. ph/articles/ 1157995.

Whitley S, van der Burg L, 2015. Fossil Fuel Subsidy Reform in Sub-Saharan Africa: From Rhetoric to Reality. London and Washington, DC: New Climate Economy. http: //newclimateeconomy. report/misc/working-papers.

Whitley S, van der Burg L, 2018. Reforming Fossil Fuel Subsidies: The Art of the Possible. In J. Skovgaard and H. van Asselt, eds. The Politics of Fossil Fuel Subsidies and Their Reform. Cambridge University Press.

World Bank, 2021. Emissions Trading in practice: A Handbook on Design and Implementation. Second edition.

World Bank, 2022a. Carbon Pricing Dashboard. https: //carbonpricingdashboard. worldbank. org/map_data.

World Bank, 2022b. State and Trends of Carbon Pricing 2022. Washington, DC: World Bank. https: //openknowledge. worldbank. org/handle/10986/ 37455.

World Health Organization, 2022. Air Pollution. Geneva: World Health Organization. https: //www. who. int/health-topics/air-pollution#tab=tab_1.

Yong S, 2021. Tax and Malaysia's Carbon Neutrality Ambition. The Star. 14 October.